Martin Gardner
Mit dem Fahrstuhl in die 4. Dimension

Martin Gardner

Mit dem Fahrstuhl in die 4. Dimension

Mathematische Rätsel, Paradoxien und neue logische Probleme

Aus dem Amerikanischen
von Klaus Volkert

Wolfgang Krüger Verlag

»Mit dem Fahrstuhl in die 4. Dimension« ist eine Auswahl von
Beiträgen aus »Knotted Doughnuts And Other Mathematical Entertainments«
und »Time Travel And Other Mathematical Bewilderments«

Die amerikanischen Originalausgaben erschienen 1986
(»Knotted Doughnuts«) bzw. 1988 (»Time Travel«)
im Verlag W.H. Freeman and Company, New York
© 1986, 1988 Martin Gardner
Deutsche Ausgabe:
© 1991 S. Fischer Verlag GmbH, Frankfurt am Main
Satz: Fotosatz Otto Gutfreund, Darmstadt
Druck und Bindung: Franz Spiegel Buch GmbH, Ulm
Printed in Germany 1991
ISBN 3-8105-0826-8

David A. Klarner gewidmet,
für seine zahlreichen, herausragenden Beiträge
zur spielerischen Mathematik,
für seine Freundschaft über die Jahre
und aus Dankbarkeit für viele andere Dinge.

Inhalt

1
Zeitreisen

»Das widerspricht der Vernunft«, sagte
Filby.
»Welcher Vernunft?« antwortete der Zeit-
reisende.

Die Erzählung *Die Zeitmaschine* von H. G. Wells, die unbestritten ein Meisterwerk der Science-fiction-Literatur darstellt, war nicht die erste ihrer Art. Diese Auszeichnung steht vielmehr der mittelmäßigen Geschichte »The Clock that went back« von Edward Page Mitchell, einem Herausgeber der New Yorker Zeitschrift *Sun*, zu, der sie anonym am 18. September 1881 in der *Sun* veröffentlichte, sieben Jahre bevor der junge Wells (er war damals gerade 22) die erste Fassung seiner berühmten *Zeitmaschine* niederschrieb.

Mitchells Werk wurde schnell vergessen. Selbst Science-fiction-Anhänger erfuhren erst durch einen Nachdruck in Sam Moskowitz' Anthologie *The Crystal Man* (1973) von seiner Existenz. Auch Wells' Erzählung fand nur wenig Beachtung, als sie 1888 als Fortsetzungsroman unter dem schrecklichen Titel »The Chronic Argonauts« in *The Science Schools Journal* erschien. Wells selbst war derart über seine schwerfällig geschriebene Erzählung entsetzt, daß er ihre Erscheinung nach drei Folgen unterbrach und später alle Exemplare, deren er habhaft werden konnte, vernichtete. Eine vollständig umgeschriebene Version erschien 1894 in der *New York Review* ebenfalls als Fortsetzungsroman unter dem Titel »The Time-Traveller's Story«. Die 1895 publizierte Buchversion war sofort ein großer Erfolg.

Einer der vielen bemerkenswerten Aspekte an Wells' Erzählung ist ihre Einleitung, in der der Zeitreisende (der hier namenlos bleibt; in Wells' erster Version hieß er Dr. Nebogipfel) die Theorie erklärt, auf der seine Erfindung beruht: Die Zeit ist die vierte Dimension. Einen instantanen Würfel kann es nicht geben. Der Würfel, den wir in einem bestimmten Augenblick sehen, ist immer nur ein Schnitt durch einen ›räumlich fixierten und unveränderlichen‹ vierdimensionalen Würfel mit Länge, Breite, Höhe und zeitlicher Dauer. »Es gibt keinen Unterschied zwischen der Zeit und einer der drei anderen Dimensionen des Raumes«, sagt der Zeitreisende, »außer dem, daß sich unser Bewußtsein entlang der Zeitdimension bewegt.« Könnten wir einer Person von einem Standpunkt außerhalb unserer Raum-Zeit zusehen (wie das »die Ewigen« in Isaac Asimovs *The End of Eternity* tun oder die »Tralfamadorianer« in Kurt Vonneguts *Schlachthof 5*), so würden wir die Vergangenheit, die Gegenwart und die Zukunft dieser Person auf einmal sehen – gerade so, wie wir die Sinuskurve als Ganzes überblicken, die die eindimensionale Bewegung des Barometerquecksilbers auf einen Papierstreifen zeichnet.

Wenn man diese Bemerkungen heute liest, könnte man meinen, Wells habe das großartige Werk von Hermann Minkowski gekannt, in dem dieser die spezielle Relativitätstheorie von Einstein zu einem Abschluß brachte. Die Linie, an der unser Bewußtsein entlang »wandert«, ist natürlich unsere Weltlinie, das heißt diejenige Linie, die unserer dreidimensionalen Bewegung in einem vierdimensionalen Raum-Zeit-Diagramm à la Minkowski als Graph zugeordnet ist (*My World-Line* heißt der Titel von George Gamovs Autobiographie). Wells' Geschichte ist in ihrer endgültigen Form zehn Jahre vor Einsteins erster Abhandlung über die Relativitätstheorie erschienen!

Als Wells seine Geschichte niederschrieb, betrachtete er die Theorie des Zeitreisenden als eine Art metaphysischen Hokuspokus, der seine fantastischen Vorstellungen etwas plausibler machen sollte. Wenige Jahrzehnte später sollten die Physiker solchen Hokuspokus äußerst ernst nehmen. Der Begriff einer absoluten kosmischen Zeit und damit verbunden der Gleichzeitigkeit von räumlich getrennten Ereignissen wurde durch Einsteins Gleichungen aus der Physik verbannt. Heute stimmen alle Physiker folgender Behauptung zu: Reist ein Astronaut mit einer Geschwindigkeit nahe der des Lichtes zu einem Stern und zurück, so kann er theoretisch Tausende von Jahren in die Zukunft der Erde hineinfliegen. Kurt Gödel hat ein rotierendes Modell des Kosmos konstruiert, in dem man im Prinzip zu jedem beliebigen Punkt in Vergangenheit und Zukunft reisen kann. Allerdings wird die Reise in die Vergangenheit durch die Gesetze der Physik ausgeschlossen. Im Jahre 1965 erhielt Richard Feynman den

Nobelpreis für Physik in Anerkennung seines raum-zeitlichen Ansatzes in der Quantenphysik, der Antiteilchen als Teilchen auffaßt, die sich vorübergehend in die Vergangenheit zurückbewegen.

Es gibt Hunderte von Science-fiction-Geschichten, die sich mit Zeitreisen befassen. Viele von ihnen werfen Fragen zur Zeit und zur Kausalität auf, die ebenso tiefsinnig wie lustig sein können. Das vielleicht abgedroschenste Beispiel ist das folgende: Was passiert, wenn jemand einen Monat in die Vergangenheit zurückkreist und sich dort eine Kugel durch den Kopf jagt? Bevor man diesen Trip antritt, weiß man natürlich schon, daß nichts derartiges geschehen ist. Aber es kommt noch schlimmer: Angenommen, man hat sich selbst vor einem Monat umgebracht. Wie kann man dann noch einen Monat später existieren und eine Reise antreten? Frederic Browns Erzählung »First Time Machine« beginnt mit der Szene, in der Dr. Grainger seine Zeitmaschine drei Freunden vorstellt. Einer der Freunde benutzt die Maschine, um sich sechzig Jahre zurückzuversetzen und seinen verhaßten Großvater als kleinen Jungen zu töten. Die Geschichte endet sechzig Jahre später: Dr. Grainger stellt jetzt seine Maschine nur noch zwei Freunden vor.

Man sollte nicht denken, daß sich Widersprüche nur dann ergeben, wenn Menschen Zeitreisen durchführen. Der Transport beliebiger Dinge kann zu Paradoxa führen. Wells' Erzählung enthält eine Andeutung in dieser Richtung. Als der Zeitreisende ein verkleinertes Modell seiner Maschine in die Zukunft oder in die Vergangenheit (wohin, weiß er nicht genau) schickt, erheben seine Gäste zwei Einwände. Falls die Maschine in die Zukunft fliegt: Warum sieht man dann nicht, wie sie sich entlang ihrer Weltlinie bewegt? Falls sie sich aber in die Vergangenheit bewegt: Warum sah man dann nicht, wie die Maschine an ihrem Platz stand, bevor der Zeitreisende sie hereinbrachte?

Einer der Gäste schlägt als Lösung vor, daß sich die Dinge während ihrer Zeitreise vielleicht so schnell bewegen, daß sie unsichtbar werden – ähnlich den Speichen eines rotierenden Rades. Was aber geschieht, wenn ein zeitreisendes Objekt seine Bewegung unterbricht? Wenn man weiß, daß am Montag kein Würfel auf dem Tisch gewesen ist, wie ist es dann möglich, daß man den Würfel am Dienstag auf den Tisch vom Montag zurückschicken kann? Geht man vom Dienstag aus in die Zukunft, so kann man den Würfel mittwochs auf den Tisch legen und anschließend in den Dienstag zurückkehren. Aber was geschieht, wenn man den Würfel dienstags zerstört?

Der Transport von Objekten durch die Zeit hat zu endlosen Konfusionen in manchen Science-fiction-Erzählungen geführt. Sam Mines hat einmal die Handlung seiner Erzählung »Find the Sculptor« folgendermaßen zusammengefaßt: »Ein Wissenschaftler baut eine Zeitmaschine und begibt sich mit ihrer Hilfe fünfhundert Jahre in die Zukunft. Dort trifft er auf eine Statue, die ihn selbst darstellt und die zu Ehren des ersten Zeitreisenden errichtet worden ist. Er nimmt diese Statue mit in seine eigene Zeit zurück, wo sie in der Folge als Ehrung für ihn aufgestellt wird. Sehen Sie die Pointe? Die Statue mußte schon zu seiner Zeit errichtet werden, damit sie dann dastehen und warten kann, bis der Zeitreisende in die Zukunft reisen wird, um sie zu finden. Er mußte in die Zukunft reisen, um sie zurückbringen zu können. Nur so konnte sie zu seiner Zeit aufgestellt werden. Ein Glied fehlt allerdings in der Beweiskette: Wann wurde die Statue hergestellt?

Ein hervorragendes Beispiel dafür, wie Paradoxa selbst in dem Fall entstehen, daß lediglich Nachrichten rückwärts durch die Zeit übermittelt werden, liefert die Annahme der Existenz von Tachionen, also von Teilchen, die sich schneller als Licht bewegen. Soll sich etwas schneller als mit Lichtgeschwindigkeit bewegen, so läßt die Relativitätstheorie keine andere Möglichkeit zu als die Bewegung in die Vergangenheit.

Offensichtlich lassen sich Tachionen, sollten sie überhaupt existieren, nicht zur Kommunikation nutzen. Benford, Book und Newcomb haben den Physikern, die trotzdem weiter nach Tachionen suchen, vorgeworfen, diesen Sachverhalt außer acht zu lassen. In einer Arbeit mit dem Titel »The Tachyonic Antitelephone« weisen die drei Forscher darauf hin, daß manche Methoden, mit denen man nach Tachionen forscht, auf Wechselwirkungen beruhen, die allerdings nur theoretisch eine Kommunikation mit Tachionen ermöglichen würden. Dazu wurde folgendes Beispiel konstruiert: Der irdische Physiker Jones kommuniziert durch ein tachionisches Antitelefon mit seinem Kollegen Alpha in einer anderen Galaxie. Zwischen ihnen besteht folgende Übereinkunft: Empfängt Alpha eine Botschaft von Jones, so antwortet er umgehend. Jones sagt seinerseits zu, daß er eine Botschaft an Alpha um drei Uhr irdischer Zeit losschickt, falls er bis ein Uhr irdischer Zeit keine Nachricht von

Alpha erhalten hat. Sehen Sie das Problem? Beide Botschaften laufen in der Zeit rückwärts. Schickt Jones seine Botschaft um drei Uhr ab, so kann Alphas Antwort ihn möglicherweise noch vor ein Uhr erreichen. »In diesem Fall«, schreiben die Autoren, »findet der Austausch von Botschaften dann und nur dann statt, wenn er nicht stattfindet... ein lupenreiner Widerspruch zur Kausalität.« Die Versuche, Tachionen mit Hilfe von Methoden zu finden, die eine Kommunikation mit Tachionen voraussetzen und die deshalb scheitern müssen, haben nach Ansicht der Autoren bereits genug unsinnige Geldmittel verschlungen.

Die Zeitdilatation der Relativitätstheorie, die Zeitreise in Gödels Kosmos und die Zeitumkehrung, die Feynmans Auffassung der Antiteilchen zugrunde liegt, werden meist so sorgfältig von anderen physikalischen Gesetzen abgeschirmt, daß keine Widersprüche auftreten können. In fast allen Geschichten über Zeitreisen werden Paradoxa dadurch verschleiert, daß alle Ereignisse, die auf sie hinführen würden, stillschweigend übergangen werden. In manchen Geschichten tauchen allerdings logische Widersprüche explizit auf. In diesem Falle bleiben dem Autor zwei Möglichkeiten: Entweder beläßt er die Paradoxa in ihrem paradoxen Charakter und fordert so den Scharfsinn des Lesers heraus, oder aber er versucht, ihnen durch Einführen cleverer Annahmen zu entkommen.

Bevor wir die Möglichkeit, wie man Paradoxa vermeiden kann, näher diskutieren, sollten noch kurz jene Geschichten erwähnt werden, in denen keine vorkommen können und die man vielleicht Pseudo-Zeitreisen-Geschichten nennen könnte. So kann es beispielsweise keine Paradoxa geben, wenn man die Vergangenheit bloß betrachtet, ohne mit ihr zu interagieren. Beispielsweise ist die elektronische Maschine aus Eric Temple Bells »Before the Dawn«, die bewegte Bilder aus den Spuren, die das Licht auf alten Felsen hinterlassen hat, erzeugt, ebenso frei von möglichen Paradoxa wie ein Videoband mit der Aufzeichnung einer längst vergangenen Fernsehshow. Paradoxa können auch dann nicht entstehen, wenn eine Person durch Scheintod in die Zukunft gelangt wie Rip van Winkle oder Woody Allen in seinem Film *Sleeper* oder die Schlafenden in Erzählungen wie Edward Bellamys *Looking Backward* oder Wells' *When the sleeper wakes*. Paradoxa entstehen ebenfalls dann nicht, wenn man von der Vergangenheit träumt (wie in Mark Twains Erzählung *A Connecticut Yankee at King Arthur's Court* oder in dem Film *Peggy Sue heiratet* aus dem Jahre 1986), sich aufgrund von Reinkarnation durch die Zeit bewegt oder vorübergehend in einer Galaxie lebt, in der Veränderungen im Verhältnis zur Erdzeit so langsam ablaufen, daß bei der Rückkehr Jahrhunderte vergangen sind. Wenn man aber jemanden tatsächlich in die Vergangenheit oder in die Zukunft reisen und dort interagieren ließe, ergäben sich enorme Probleme.

In gewissen Situationen lassen sich Paradoxa durch Einführung der Minkowskischen »Blockwelt« vermeiden. Dort ist die gesamte Vergangenheit, so wie sie war, erstarrt zu einem monströsen Raum-Zeit-Graphen, in dem alle Weltlinien ewig und unveränderlich sind. Teilt man den Standpunkt des Determinismus, so kann man gewisse Zeitreisen in beide Richtungen zulassen. Allerdings ist der Preis, den man hierfür zahlen muß, beträchtlich. Hans Reichenbach hat diese Fragen in einer verworrenen Passage seiner *Philosophie der Raum-Zeit-Lehre* (Vieweg, 1977) folgendermaßen formuliert: »Ist es möglich, daß sich die zu einer Person gehörige Weltlinie ›zusammenbiegt‹ in dem Sinne, daß diese Person zu einem Punkt der Raum-Zeit geführt wird, der sehr nahe bei einem Punkt liegt, in dem sich die Person einst befunden hat und in dem irgendeine Art von Interaktion – wie beispielsweise eine Unterhaltung – zwischen den beiden ›Kopien‹ dieser Person stattfinden kann?« Reichenbach behauptet, dies könne aus logischen Gründen nicht ausgeschlossen werden, weil wir dann zwei Axiome ignorieren müßten: 1. Eine Person ist ein einmaliges Individuum, das seine Identität während seines gesamten Lebens behält. 2. Die zu einer Person gehörige Weltlinie ist linear, und daraus folgt, daß das, was diese Person als ›jetzt‹ bezeichnet, ein eindeutig bestimmbarer Punkt auf dieser Linie ist. (Was Reichenbach nicht erwähnt, ist, daß wir damit auch jegliche Vorstellung vom freien Willen aufgeben müßten.) Sind wir bereit, diese Sachverhalte zu akzeptieren, so können wir uns laut Reichenbach, ohne auf Paradoxien zu stoßen, vorstellen, daß sich die Weltlinie einer Person zu einer geschlossenen Schleife zusammenbiegt.

Reichenbachs Beispiel für eine konsistente Schleife sieht so aus: Eines Tages trifft man auf einen Menschen, der genauso aussieht, wie man selbst, nur daß er älter ist. Er teilt uns mit, er sei das eigene zukünftige Ich, das in der Zeit zurückgereist sei. Man denkt, der Fremde sei verrückt, und geht seines Weges. Jahre später erfährt man, daß es möglich ist, in der Zeit rückwärts zu reisen. Man besucht sein Ich aus früheren Tagen und fühlt sich verpflichtet,

14

diesem genau das mitzuteilen, was schon das ältere Ich gesagt hatte. Natürlich glaubt uns das jüngere Ich nicht. Man geht auseinander, und jedes Ich lebt ein normales Leben, bis eines Tages das jüngere Ich eine Reise zurück durch die Zeit unternimmt.

Hilary Putnam argumentiert in seinem Aufsatz »It Ain't Necessarily So« in ähnlicher Weise dafür, daß schleifenförmige Weltlinien nicht widersprüchlich sein müssen. Er zeichnet ein Feynman-Diagramm (vergl. Abb. 1), in dem allerdings die Paarerzeugung und -vernichtung von Elementarteilchen durch die paarweise Produktion bzw. paarweise Vernichtung von Personen ersetzt worden sind. Die geknickte Linie stellt die Weltlinie des Zeitreisenden Schmidt dar. Vom Zeitpunkt t_2 geht Schmidt zurück zum Zeitpunkt t_1, unterhält sich dort mit seinem jüngeren Ich und führt dann ein normales Leben. Wie würde dieser Vorgang für jemanden aussehen, dessen Weltlinie normal verläuft? Um das herauszufinden, lege man einfach ein Lineal unten im Diagramm parallel zur Raumachse an und bewege dieses anschließend parallel nach oben. In t_0 begegnet man dem jungen Schmidt. In t_1 entsteht plötzlich ein älterer Schmidt aus dem Nichts, der sich im selben Raum befindet. Zusammen mit dem älteren Schmidt entsteht noch ein Anti-Schmidt, der in seiner Zeitmaschine sitzt und rückwärts lebt. (Raucht er, so bemerkt man, wie aus seinem Zigarettenstummel langsam eine ganze Zigarette hervorwächst und so weiter.) Vielleicht unterhalten sich die beiden zeitlich vorwärtsgerichteten Schmidts miteinander. Schließlich verschwinden in t_2 der junge Schmidt, der zeitlich rückwärtsgerichtete Schmidt und die sich in der Zeit rückwärtsbewegende Zeitmaschine. Der ältere Schmidt verfolgt seinen Weg weiter. Nach Putnam beweist die Tatsache, daß wir ein Raum-Zeit-Diagramm dieser Ereignisse zeichnen können, daß sie logisch betrachtet konsistent sind.

Es ist wahr, daß diese Ereignisse logisch konsistent sind. Es muß aber bemerkt werden, daß das von Putnam entworfene Szenario ebenso wie dasjenige von Reichenbach derartig schwache Interaktionen zwischen den Schmidts vorsieht, daß es die tieferliegenden Widersprüche, die sich im Zusammenhang mit Zeitreisen ergeben, vermeidet. Was passiert, wenn der ältere Schmidt den jüngeren umbringt? Könnte Putnam freundlicherweise das Feynman-Diagramm für diesen Fall zeichnen?

Es gibt aus diesen Schwierigkeiten nur einen brauchbaren Ausweg. Die Science-fiction-Autoren benutzen ihn schon seit mehr als einem

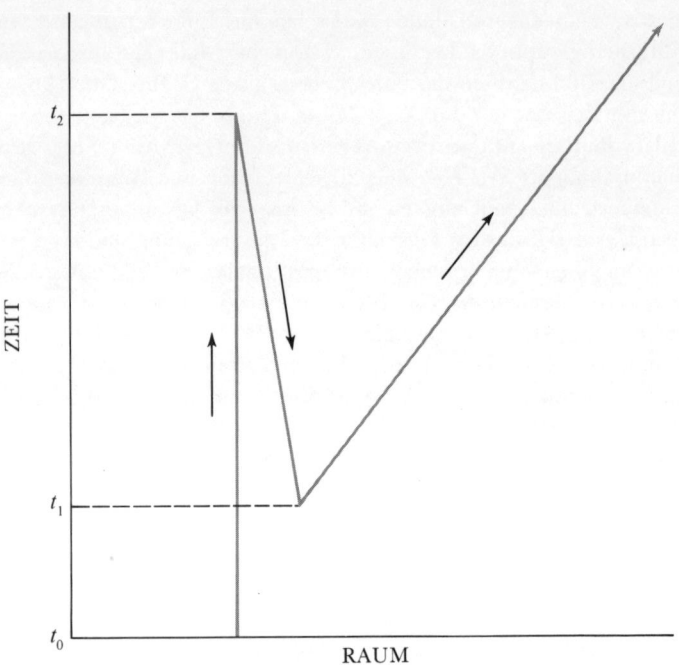

Abbildung 1: Feynman-Diagramm für eine Zeitreise in die Vergangenheit

halben Jahrhundert. Nach Sam Moskowitz wurde dieser Ausweg erstmals explizit zur Auflösung der mit Zeitreisen verbundenen Paradoxien von David R. Daniels in seiner Erzählung »Branches of Time« verwendet. Diese Geschichte erschien 1934 in den *Wonder Stories*. Die Grundidee ist ebenso einfach wie fantastisch: Personen können ohne Schwierigkeiten zu jedem Punkt in der Zukunft reisen; in dem Moment aber, in dem sie sich in die Vergangenheit begeben wollen, spaltet sich das Universum in zwei parallele Welten auf, die beide ihre eigene Zeit besitzen. In der einen Version verhält sich die Welt so, als habe keine Schleife stattgefunden. In der anderen Version dreht sich eine neugeschaffene Welt, deren Geschichte ununterbrochen verändert wird. Wenn ich sage »neu geschaffen«, so spreche ich natürlich vom Standpunkt des Bewußtseins des Zeitreisenden. Für einen außenstehenden Beobachter, sagen wir in der fünften Dimension, springt die Weltlinie des Reisenden einfach von

16

einem Raum-Zeit-Kontinuum in ein anderes. Er bewegt sich dabei auf einem Graphen, der die Verzweigungen der Universa in der Art eines Baumes in einer Metawelt wiedergibt.

Die Aufspaltung von Wegen in der Zeit taucht in vielen Schauspielen, Romanen und Kurzgeschichten auf. John B. Priestley bedient sich dieses Mittels in seinem populären Schauspiel *Dangerous Corner*, ähnlich wie es Lord Dunsany zuvor in seinem Stück *If* getan hat. Mark Twain diskutiert eine derartige Aufspaltung in *The Mysterious Stranger*, Jorge Luis Borges experimentiert damit in *Garden of Forking Paths*. Es waren allerdings die Science-fiction-Autoren, die dieses Konzept präzisierten und ausfeilten.

Wir wollen uns nun klarmachen, wie dieses Konzept funktioniert. Angenommen, wir gehen im Universum I ins Zeitalter von Napoleon zurück und ermorden ihn. Die Welt spaltet sich auf: Wir sind nun im Universum II. Wenn wir wollen, können wir in das Universum II der Gegenwart zurückkehren. In diesem Universum ist Napoleon auf mysteriöse Weise ermordet worden. Wodurch würde sich dieses Universum vom alten unterscheiden? Würde man ein Duplikat seiner selbst darin finden? Vielleicht. Vielleicht auch nicht. Manche Geschichten gehen davon aus, daß selbst geringfügigste Änderungen der vergangenen Welt neue Kausalketten verursachen, die sich lawinenartig vermehren und so weitreichende Veränderungen der Geschichte verursachen. Andere Geschichten wiederum setzen voraus, daß die Geschichte von derart mächtigen und umfassenden Kräften beherrscht wird, daß sich selbst schwerwiegende Änderungen innerhalb von kurzer Zeit angleichen und die Zukunft deshalb bald in gewohnter Weise ablaufen wird.

In Ray Bradburys Erzählung »A Sound of Thunder« reist Eckels in eine vergangene Epoche zurück. Dabei trifft er raffinierte Vorsichtsmaßnahmen, um schwerwiegende Veränderungen der Vergangenheit zu verhindern. So trägt er beispielsweise eine Sauerstoffmaske, um zu verhindern, daß seine Mikroben das Leben der Tierwelt verseuchen. Dennoch verletzt Eckels eine Vorsichtsmaßregel und tritt ungewollt auf einen Schmetterling. Nachdem er in die Gegenwart zurückgekehrt ist, bemerkt er feine Unterschiede in dem Büro der Firma, die seine Reise ermöglicht hatte. Eckels wird hingerichtet, weil er die Zukunft illegalerweise verändert hat.

Hunderte von Geschichten aus dem Bereich der Fantasy- und der Science-fiction-Literatur haben dieses Thema variiert. Eine der traurigsten ist »Lost« (in: *The Fourth Book of Jorkens*, 1948) von Lord Dunsany. Ein Mann reist mit Hilfe einer orientalischen Zauberformel in seine Vergangenheit, um dort alte Fehler zu berichtigen. Natürlich verändert das seine Biographie. Als er in die Gegenwart zurückkehrt, sind seine Frau und sein Haus verschwunden. »Verloren, verloren!« ruft er aus. »Reise niemals in deine Vergangenheit, um dort etwas zu ändern. Erlaube dir noch nicht einmal den Wunsch danach. Und erinnere dich daran: Es ist einfacher, die ganze Milchstraße zu durchqueren, als in der Zeit zu reisen, zwischen deren Abgründen ich verloren gegangen bin.«

Es ist einfach, sich davon zu überzeugen, daß in einem derartigen Metakosmos mit sich aufspaltenden Zeitpfaden keine Paradoxien auftreten können. Die Zukunft stellt kein Problem dar, denn reist jemand eine Woche in die Zukunft, so verschwindet er einfach für eine Woche und taucht dafür in der Zukunft eine Woche jünger auf. Geht man aber zurück und bringt sich selbst als Baby um, muß sich das Universum gezwungenermaßen aufspalten. Im Universum I läuft alles wie gehabt. Sobald ein bestimmtes Alter erreicht ist, verschwindet man dann, um die Reise zurück anzutreten. Vielleicht geschieht das mehrfach, wobei jeder Zyklus zwei neue Welten erzeugt. Vielleicht geschieht es aber auch nur einmal. Wer weiß? Auf jeden Fall geht das Universum II mit dem Mörder und dem toten Baby weiter. Der Mord eliminiert die Person des Mörders nicht, denn er ist ein Fremder aus Universum I, der jetzt in Universum II lebt.

In einem derartigen Metakosmos ist es einfach, Duplikate seines Ichs zu erzeugen (viele Science-fiction-Autoren haben das getan). Dazu geht man in Universum I ein Jahr zurück, lebt mit sich selbst ein Jahr in Universum II und geht dann abermals ein Jahr zurück, um zwei Duplikate seiner selbst in Universum III zu besuchen. Offensichtlich lassen sich durch Wiederholung dieser Schleife beliebig viele Duplikate produzieren. Es handelt sich dabei um echte Duplikate und nicht um Pseudoduplikate wie bei Reichenbach und Putnam. Jedes Duplikat besitzt eine eigene Weltlinie. Die Geschichte könnte auf diese Weise extrem chaotisch werden. Eines aber kann niemals auftreten: ein logischer Widerspruch.

Die Vorstellung von einem sich aufspaltenden Metakosmos mag verrückt erscheinen; einige angesehene Physiker haben sie aber dennoch ernst genommen. Hugh Everett III entwickelt in seiner Dissertation mit dem Titel »Relative State' Formulation of Quantum

18

Mechanics« (*Reviews of Modern Physics*, Bd. 29, Juli 1957, S. 454–462) eine Metatheorie, nach der sich das Universum jede Mikromikrosekunde in unzählige parallele Welten verzweigt, wobei jede dieser Welten eine mögliche Kombination von Mikroereignissen ist, die als Ergebnis von Unschärfen auf dem Mikroniveau auftreten können. John A. Wheeler bewertet diesen Ansatz positiv und weist darauf hin, daß sich die Physiker früherer Generationen ursprünglich ebenso unwohl fühlten mit den radikalen Begriffsbildungen der allgemeinen Relativitätstheorie, wie wir heute mit den sich aufspaltenden Universa.

»Wenn es unendlich viele Universa gab«, schreibt Frederic Brown in seinem Buch *What Mad Universe*, »so müßten alle möglichen Kombinationen realisiert sein. Und jede beliebige Aussage wäre irgendwo wahr... Es gibt ein Universum, in dem Huckleberry Finn eine wirkliche Person ist, die alles tut, was Mark Twain von ihr behauptet hat. Es gibt sogar unendlich viele Universa, in denen Huckleberry Finn jede mögliche Variation dessen tut, was Mark Twain über ihn geschrieben haben könnte... Weiter gibt es unendlich viele Universa, in denen wir keine Gedanken oder Worte zur Verfügung hätten, um solche Welten zu beschreiben oder sie uns vorzustellen.«

Was ist, wenn sich das Universum niemals verzweigt? Angenommen, es gibt nur eine Welt – nämlich diese hier –, in der alle Weltlinien eine lineare Ordnung tragen und alle Objekte ihre Identität behalten – komme, was da wolle. Brown betrachtet diese Möglichkeit in seiner Geschichte »Experiment«. Es ist sechs vor drei. Professor Johnson hält einen Messingwürfel in der Hand und teilt seinen Kollegen mit, daß er diesen Würfel exakt um drei Uhr auf die Plattform seiner Zeitmaschine legen wird, um ihn fünf Minuten in die Vergangenheit zurückzuschicken.

»Deshalb müßte«, so bemerkt Johnson, »der Würfel um fünf vor drei von meiner Hand verschwinden und auf der Plattform auftauchen. Und das fünf Minuten bevor ich ihn dort hinlege.«

»Wie können Sie ihn unter diesen Umständen überhaupt dort hinlegen?« fragt ihn einer seiner Kollegen.

»Wenn sich meine Hand dem Würfel nähert, wird er von der Plattform verschwinden. Er wird wieder in meiner Hand auftauchen, damit ich ihn auf die Plattform legen kann.«

Um fünf vor drei verschwindet der Würfel aus Professor Johnsons

Hand, um auf der Plattform wieder aufzutauchen. Der Würfel wurde zeitlich durch die zukünftige Handlung des Würfel-auf-den-Tisch-Legens fünf Minuten zurück versetzt.

»Haben Sie das gesehen. Fünf Minuten, bevor ich den Würfel dort hingelegt habe, war er bereits dort.«

»Aber«, wendet ein Kollege mit Stirnrunzeln ein, »was wäre, wenn Sie jetzt, wo der Würfel, fünf Minuten bevor Sie ihn auf die Plattform gelegt haben, bereits dort aufgetaucht ist, Ihre Absicht revidieren würden, um den Würfel um drei Uhr dort hinzulegen? Ergäbe sich daraus ein Paradoxon?«

Der Professor greift diesen Einwand auf, und um zu sehen, was geschieht, legt er um drei Uhr den Würfel nicht auf die Plattform. Achtung! Es ergibt sich kein Paradoxon. Der Würfel bleibt da, wo er ist. Doch das ganze Universum einschließlich Professor Johnson mit Kollegen und Zeitmaschine verschwindet!

Ergänzungen

Viele Leser haben auf zwei Schwierigkeiten hingewiesen, die sich bei Zeitreisen sowohl in die Zukunft als auch in die Vergangenheit ergeben. Bleiben die Reisenden an derselben Stelle, relativ zum Universum, so wird die Erde nach der Reise nicht mehr dort sein, wo sie zuvor gewesen ist. Deshalb könnten sich die Reisenden im leeren Raum wiederfinden, oder auch innerhalb eines Himmelskörpers. Im letzteren Fall stellen sich mindestens folgende Fragen: Würde der Himmelskörper ihre Reise behindern? Würde der Reisende oder der Himmelskörper zur Seite gestoßen? Gäbe es eine Explosion?

Die zweite Schwierigkeit ist die Thermodynamnik. Mit der Abreise des Zeitreisenden wird das Universum ein wenig an Masse/Energie verlieren. Kommt er an, so gewinnt das Universum den entsprechenden Betrag an Masse/Energie zurück. Folglich scheint während der Zeitreise das Gesetz von der Erhaltung der Masse/Energie im Universum verletzt zu sein.

Ich habe in meiner Kolumne kurz das erwähnt, was man heute die »Viele-Welten-Interpretation« der Quantenmechanik (QM) nennt. Der beste Literaturhinweis zu diesem Thema ist eine 1973 von Bryce DeWitt und Neill Graham herausgegebene Sammlung von Abhandlungen. Unter der Voraussetzung, daß sich das Universum stets und ständig in Milliarden paralleler Welten aufspaltet, liefert diese Interpretation einen Ausweg aus dem Indeterminismus der Kopenhagener Deutung der QM, sowie aus vielen Paradoxa, die diese Deutung erschweren.

Einige Physiker, die Anhänger der Viele-Welten-Interpretation sind, haben behauptet, daß die unzähligen Duplikate von Individuen und die zahllosen Parallelwelten nicht »real« seien, sondern lediglich Artefakte der Theorie darstellten. Gemäß dieser Lesart der Viele-Welten-Interpretation reduziert sich diese Theorie darauf, auf reichlich bizarre Art und Weise die gleichen Dinge auszusagen wie die Kopenhagener Deutung. Everett selbst hat in seiner Dissertation 1957 die folgende berühmte Fußnote nachgetragen:

Einige meiner Briefpartner haben als Reaktion auf einen Preprint dieser Abhandlung die Frage nach dem Übergang vom Möglichen zum Realen gestellt und behauptet, daß es in »Wirklichkeit« – wie das auch unsere Erfahrung belegt – keine Aufspaltung von Zuständen des Beobachters gäbe, weshalb immer nur ein Zweig tatsächlich existieren könne. Weil diese Idee auch anderen Lesern kommen könnte, möchte ich dazu folgende Erklärung anbieten:
Der Frage nach dem Übergang vom »Möglichen« zum »Wirklichen« trägt meine Theorie in sehr einfacher Weise Rechnung – es gibt keinen derartigen Übergang, noch muß es ihn geben, damit die Theorie in Einklang mit unseren Erfahrungen steht.
Vom Standpunkt der Theorie aus sind alle Elemente einer Superposition (alle »Zweige«) »wirklich« und keines ist »wirklicher« als die restlichen. Es ist nicht notwendig anzunehmen, daß alle Elemente außer einem zerstört werden, weil alle Elemente einer Superposition für sich allein, individuell, der Wellengleichung genügen, völlig unabhängig davon, ob die anderen Elemente existieren (»wirklich« sind) oder nicht. Das vollkommene Fehlen von Wechselwirkungen zwischen verschiedenen Zweigen impliziert weiter, daß kein Beobachter jemals einen Aufspaltungsprozeß registrieren kann.
Die Behauptung, das Weltbild meiner Theorie widerspreche unserer Erfahrung, weil wir derartige Aufspaltungsprozesse nicht beobachten, ähneln jener Kritik an der Kopernikanischen Theorie, die behauptet, daß die Beweglichkeit der Erde als

physikalische Tatsache unvereinbar sei mit der Interpretation der Natur durch den gesunden Menschenverstand, weil wir keine derartige Bewegung empfinden. In beiden Fällen greifen die Argumente nicht, da gezeigt werden kann, daß die fragliche Theorie selbst voraussagt, daß unsere Erfahrungen so sein müssen, wie sie sind. (Im Falle der Kopernikanischen Theorie bedurfte es der Hinzunahme der Newtonschen Physik, um zeigen zu können, daß die Bewohner der Erde keine ihrer Bewegungen wahrnehmen können.)

Die Viele-Welten-Interpretation galt allgemein als wunderschöne Theorie, an die allerdings niemand wirklich glaubte. Dennoch haben eine Reihe namhafter Physiker die von ihr vorhergesagte scheußliche Vielfalt logisch möglicher Welten akzeptiert. Auch DeWitt hat diese Idee 1970 in dem Artikel »Quantum Mechanics and Reality« verteidigt. Neuerdings findet man diesen Aufsatz in der von ihm zusammen mit Graham herausgegebenen Sammlung wieder.

Was uns daran hindert, eine derart lockere Sichtweise der Dinge zu akzeptieren, ist natürlich, daß sie uns dazu zwingt, an die Realität aller simultan existierenden Welten zu glauben... wobei in jeder dieser Welten die Messung andere Werte liefern würde. Dennoch ist es genau das, was die Erfinder der Theorie uns glauben machen wollen... Dieses Universum spaltet sich ständig in eine ungeheure Anzahl von Zweigen auf, die alle aus den Interaktionen zwischen den Myriaden von Komponenten dieses Universums herrühren. Mehr noch: Jeder Quantenübergang, der auf irgendeinem Stern, in irgendeiner Galaxie, auch im entlegensten Winkel des Universums stattfindet, spaltet unsere lokale irdische Welt auf in Myriaden von Kopien ihrer selbst.
Ich erinnere mich noch immer an den Schock, den ich empfand, als ich zum ersten Mal von der Viele-Welten-Theorie hörte. Die Vorstellung, daß es mindestens 10^{100} leicht abweichende Kopien unserer selbst geben soll, die sich beständig in weitere Kopien aufspalten, die schließlich nicht wiederzuerkennen sind, ist kaum noch mit dem gesunden Menschenverstand zu vereinbaren.

Obwohl John Wheeler anfänglich die Viele-Welten-Theorie unterstützte, hat er sich mittlerweile von ihr abgewendet. Ich zitiere aus dem ersten Kapitel seines Buches *Frontiers of Time* (Center for Theoretical Physics, 1978):

Die Dissertation von Everett ist auch nach unserer Ansicht phantasiereich und instruktiv. Wir haben sie früher sogar unterstützt. Rückblickend erscheint sie uns jedoch als Irrweg. Erstens diskreditiert diese Fassung der Quantenmechanik das Quantum. Sie leugnet von Anfang an, daß die Quantelung eine zentrale Rolle in der Physik spielt. Die Formulierung von Everett sagt: Man nehme diese oder jene Hamilton-Funktion zur Beschreibung der Welt. Es kommt dabei nicht darauf an, welche Hamilton-Funktion man wählt. Ich bin im Prinzip großzügig, wenn es darum geht, welche Funktion man wählt, und es interessiert mich nicht, ob es überhaupt eine Hamilton-Funktion gibt. Sie geben mir, was Ihnen beliebt, und ich liefere Ihnen zum Ausgleich viele Welten. Rechnen Sie nicht auf meine Hilfe, wenn es darum geht, das Universum verstehen zu wollen.

Zweitens stellen die unendlich vielen nichtbeobachtbaren Welten, die diese Theorie annimmt, eine schwere metaphysische Bürde dar. Sie widersprechen der Forderung von Mendelejew, daß sich jede wirklich wissenschaftliche Theorie ihrer »Widerlegung aussetzen« muß. Wigner, Weizsäcker und Wheeler haben detaillierte Einwände gegen die Viele-Welten-Theorie der Quantenmechanik vorgelegt, die sich ganz unterschiedlicher Begrifflichkeiten bedienen. Es fällt schwer, jemanden zu benennen, der diese Theorie als eine Möglichkeit betrachtet, den Determinismus aufrechtzuerhalten.

In einer Abhandlung mit dem Titel »Rotating Cylinders and the Possibility of Global Causality Violation« hat der Physiker Frank Tipler darauf hingewiesen, daß es theoretisch möglich ist, eine Maschine zu konstruieren, mit der man in der Zeit vorwärts oder rückwärts reisen kann. Tipler ist einer der wenigen noch verbliebenen Anhänger der Viele-Welten-Theorie und Koautor des umstrittenen Buches *The Antropic Cosmological Principle* (Oxford University Press, 1986). Ausgehend von Gödels rotierendem Universum und

23

von neueren Forschungsergebnissen über die Raum-Zeit-Singularitäten in schwarzen Löchern stellt sich Tipler einen massiven Zylinder vor, der unendlich lang ist und sich so schnell dreht, daß sich seine Oberfläche mit einer Geschwindigkeit bewegt, die größer als die des Lichtes ist. Die Raum-Zeit ist in der Nähe des Zylinders angeblich derart gestört, daß es nach den Berechnungen von Tipler für Astronauten möglich sein müßte, den Zylinder mit oder gegen seinen Drehsinn zu umkreisen und dabei in die Vergangenheit beziehungsweise Zukunft zu fliegen.

Tipler hat auch darüber spekuliert, ob man einen derartigen Zylinder mit endlicher Länge und Masse bauen könnte. Später ist er jedoch zu der Ansicht gelangt, daß es mit den bekannten Materialien und Kräften unmöglich sei, ein derartiges Instrument zu bauen. Diese Zweifel konnten Paul Anderson nicht davon abhalten, Tiplers Zeitreisenzylinder in seinem Roman *The Avator* zu verwenden, noch hinderten sie Robert Forward daran, »How to Build a Time Machine« (*Omni*, Mai 1980) zu schreiben. Die Herausgeber von *Omni* haben Forwards Artikel folgendermaßen kommentiert: »Die Theorie kennen wir bereits, das einzige, was wir jetzt noch brauchen, ist eine fortgeschrittene Ingenieurskunst.«

Ich schließe mit Perlen der Weisheit, die ich von dem Komiker »Professor« Irwin Corey gelernt habe: »Die Vergangenheit liegt hinter uns und die Zukunft vor uns.«

2
Tangram (Teil 1)

Die sieben Bücher des Tan...
stellen die Schöpfung der Welt
und den Ursprung der Arten auf einer Ebene dar.
Der Fortschritt der menschlichen Rasse
wird durch sieben Stufen hindurch verfolgt...
bis hin zu einem mystisch-spirituellen Zustand,
der so verrückt ist,
daß er sich ernsthaften Betrachtungen entzieht.

Sam Loyd, *The Eighth Book of Tan*

Einer der ältesten Zweige der Unterhaltungsmathematik beschäftigt sich mit Puzzlespielen. Ebene oder räumliche Figuren werden in verschiedene Teile zerlegt und wieder zur Ausgangsfigur oder auch zu einer anderen Figur zusammengesetzt. Ein besonderes Vergnügen dieser Art ist seit der Renaissance das chinesische Tangramspiel.

Obwohl das Tangram und die landläufigen Puzzlespiele eine oberflächliche Ähnlichkeit aufweisen, sind die Anforderungen doch sehr unterschiedlich. In seinem Buch *Tangrams: 330 Puzzles* schreibt Ronald C. Read, daß ein Puzzle normalerweise Hunderte von unregelmäßig geformten Teilen besitzt, die sich in nur einer Weise zu einem großen Bild zusammenfügen lassen. Dazu braucht man wenig Geschicklichkeit, aber viel Zeit und Geduld. Ein Tangramspiel besteht aus nur sieben Teilen, den Tans. Es sind einfachste Formen, die sich zu unendlich vielen Tangrams zusammensetzen lassen. Will man Tangramfiguren legen, so erfordert dies ein ausgeprägtes geometrisches Vorstellungsvermögen und künstlerische Fähigkeiten.

Die Tans erhält man, indem man ein Quadrat so zerschneidet, daß zwei große Dreiecke, ein mittelgroßes Dreieck, zwei kleine Dreiecke, ein Quadrat und ein Parallelogramm entstehen (vergl. Abb. 2). Man beachte, daß an den Ecken der Tans nur Winkel auftreten, die

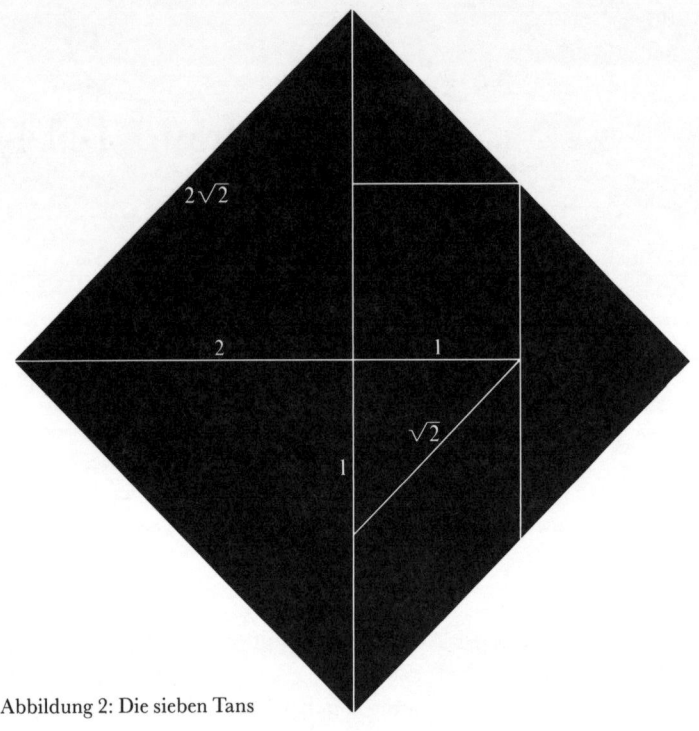

Abbildung 2: Die sieben Tans

Vielfache von 45° sind. Nimmt man die Seitenlänge des quadratischen Tans als Einheit, so betragen die Seitenlängen der übrigen Tans 1, 2, $\sqrt{2}$ oder 2 $\sqrt{2}$.

»Auf den ersten Blick verblüfft uns die geringe Brauchbarkeit der Formen, ... mit denen man so viel bewerkstelligen können soll«, schrieb der amerikanische Rätselspezialist Sam Loyd. »Sieben ist eine eigensinnige Primzahl, die man nicht in symmetrische Hälften zerlegen kann. Die geometrischen Formen mit ihren strengen Winkeln schließen die Vielfalt von Kurven und anmutigen Linien aus.« Wenn man sich aber eine Zeitlang mit den Tans beschäftigt hat, beginnt man die subtile Eleganz dieser Zerlegung und die Vielfalt der von ihr gebotenen kombinatorischen Möglichkeiten zu schätzen. Alle möglichen dem Tangram ähnlichen Puzzles wurden schon einmal vermarktet, aber keines von ihnen hat die Popularität des Originals auch nur entfernt erreicht. Es ist ähnlich wie beim Ori-

26

gami: Die Anmut der Sache wird durch die Einfachheit des Materials und seine scheinbare Unbrauchbarkeit für künstlerische Zwecke bedingt.

Tangramspiele lassen sich grob in drei Klassen einteilen:

1. Man trachtet danach, auf eine oder mehrere Arten ein vorgegebenes Tangram zu legen oder versucht zu beweisen, daß dies unmöglich ist.
2. Man sucht nach Möglichkeiten, mit möglichst viel Humor und/oder Kunstfertigkeit menschliche Figuren oder andere wiedererkennbare Objekte nachzubilden.
3. Man bemüht sich, verschiedene Probleme der kombinatorischen Geometrie zu lösen, die sich im Zusammenhang mit den sieben Tans stellen.

Viele Bücher und sogar manche Enzyklopädien behaupten, das Tangramspiel sei mehr als 4000 Jahre alt. In meiner Kolumne im *Scientific American* habe ich im September 1959 Tangram als das älteste Legespiel der Welt bezeichnet. Weiter führte ich aus, daß sich die Chinesen seit vielen tausend Jahren mit diesem Spiel vergnügen. Das ist vollkommen falsch. Der Mann, der diesen Mythos zu verantworten hat, ist niemand anderes als Sam Loyd. Im Jahre 1903 veröffentlichte der damals einundsechzigjährige Loyd auf der Höhe seines Ruhmes ein Büchlein mit dem Titel *The Eighth Book of Tan*. Es gibt kein anderes Buch über Tangram, das im Westen erschienen ist und das genauso originell und einflußreich wie das Buch von Loyd gewesen wäre: Es enthält hunderte exzellenter neuer Figuren. Loyd erfand eine groteske Legende über den Ursprung des Spieles. Sie ist die größte Ente in der Geschichte der Puzzelei! Die Zahl intelligenter Leute, die auf sie hereingefallen ist, ist vergleichbar der Anzahl gebildeter Menschen, die die von H. L. Mencken erfundene Geschichte der Badewanne akzeptiert haben.

»Gemäß den Aufzeichnungen des verstorbenen Professors Challenor«, schrieb Loyd, »die in den Besitz des Verfassers gelangt sind, weiß man von sieben Büchern über das Tangram, die jeweils tausend Zeichnungen enthalten und die in China im Verlauf von 4000 Jahren zusammengetragen wurden. Diese Bücher sind sehr selten. Während der vierzig Jahre, die Professor Challenor in China verbrachte, gelang es ihm nur, vollständige Ausgaben des ersten und des siebten Buches einzusehen sowie Bruchstücke des zweiten.

In diesem Zusammenhang sollte erwähnt werden, daß Teile eines dieser sieben Bücher, die in Blattgold auf Pergament gedruckt waren, von einem englischen Soldaten in Peking aufgefunden wurden, der sie für 300 Pfund an einen Sammler chinesischer Antiquitäten weiterverkaufte, der uns freundlicherweise einige der erwähltesten Zeichnungen aus diesem Buch zur Verfügung gestellt hat ...«

Loyd behauptete, Tan sei ein legendärer chinesischer Schriftsteller gewesen, der als Gottheit verehrt wurde. Die Anordnung der Muster in seinen sieben Büchern soll dazu gedient haben, sieben Stadien in der Entwicklung der Erde wiederzugeben. Tans Tangrame beginnen mit der symbolischen Wiedergabe des Chaos und des Yin-Yang-Prinzips. Diesen folgen primitive Formen des Lebens. Anschließend durchlaufen die Figuren den Stammbaum der Evolution über Fische, Vögel und Säugetiere bis zum Menschen. Auf diesem Weg findet man hier und da Tangrams, die vom Menschen geschaffene Artefakte wie Werkzeuge, Möbel, Kleidungsstücke und Bauwerke darstellen. Weiter streute Loyd Zitate von Konfuzius, von einem Philosophen namens Chu-Fu-Tze, einem Kommentator mit Namen Li Hung Chang und von seinem mysteriösen Professor Challenor ein. Chang wird mit der Behauptung zitiert, er habe alle Figuren aus den sieben Büchern des Tan auswendig gekannt, noch bevor er sprechen konnte. Weiter wird ein »wohlbekanntes« chinesisches Sprichwort erwähnt, das von dem »Verrückten« handele, »der das achte Buch des Tan schreiben wolle«.

All das war natürlich ein reines Fantasiegebilde. Als Henry Ernest Dudeney, der gewissermaßen das britische Gegenstück zu Loyd bildete, einen Artikel über das Tangram für *The Strand Magazine* (November 1908) verfaßte, wiederholte er schlicht und einfach Loyds Geschichte. Dieser Artikel weckte die Neugierde von Sir James Murray. Der berühmte Lexikograph und Mitherausgeber des *Oxford English Dictionary* ließ seinen Sohn, der zu jener Zeit an einer chinesischen Universität lehrte, Nachforschungen anstellen. Die chinesischen Gelehrten hatten weder etwas von Tan gehört, noch kannten sie das Wort Tangram. Das Spiel sei, so informierte Murray Dudeney, in China unter der Bezeichnung *ch'i ch'iao t'u* bekannt, was soviel bedeute wie »siebenfach einfallsreicher Plan« oder, weniger wörtlich, »raffiniertes Puzzle mit sieben Steinen«.

Murray fand den ersten Hinweis auf das Wort Tangram in *Webster's* Wörterbuch in der Ausgabe von 1864. Deshalb vermutete er, daß dieser Name um 1850 herum von einem Amerikaner erfunden worden war. Dieser hatte vermutlich das kantonesische Wort *tang*, das »Chinese« bedeutet, mit der geläufigen Nachsilbe *gram* (wie in Anagramm oder Kryptogramm) zusammengefügt. Eine andere Theorie über den Ursprung dieses Namens ist kürzlich von Peter van Note in seiner Einführung zum bei Dover erschienenen Nachdruck von Loyds verrücktem Buch vorgebracht worden. Chinesische Familien, die auf Hausbooten leben, heißen *tanka*, und *ta* ist das chinesische Wort für Prostituierte. Amerikanische Seefahrer haben das Spiel bei *Tanka*-Mädchen gelernt und könnten das Spiel deshalb als Tangram, als »Spiel der Prostituierten«, bezeichnet haben.

Als Dudeney die Ansichten, zu denen Murray gelangt war, in der Zeitschrift *Amusements in Mathematics* (S. 43–46) veröffentlichte, fügte er einen wohlüberlegten eigenen Scherz hinzu. Dudeney schrieb, daß ihm ein amerikanischer Korrespondent berichtet habe, daß er einen Satz perlmuttner Tangrams chinesischen Ursprungs besitze und ein dazugehöriges Büchlein aus Reispapier mit mehr als 300 Figuren. Eine mysteriöse Inschrift auf der Titelseite habe den Korrespondenten fasziniert, aber kein Chinese, dem er sie gezeigt habe, sei fähig oder willens gewesen, sie zu übersetzen. Die Inschrift war in der Zeitschrift abgebildet, und Dudeney bat die Leser um Mithilfe. Wir wissen nicht, welche Reaktionen auf diese Aufforderung kamen, aber Read, der ebenfalls ein Exemplar des fraglichen Buches besaß, konnte das Mysterium leicht aufklären. Die Inschrift war nichts anderes als eine Bildunterschrift zu einem Tangram, das zwei Menschen darstellte. Sie lautete:»Zwei Menschen sehen einander an und trinken. Das zeigt die Vielseitigkeit des Puzzles mit seinen sieben Teilen.«

Niemand weiß, wann das Tangram entstanden ist. Der erste bekannte Hinweis auf dieses Spiel ist ein 1803 in China publiziertes Buch. Sein Titel *Sammelband mit Figuren des Siebenteilepuzzles* legt die Annahme nahe, es habe schon früher Bücher über dieses Thema gegeben. Die meisten Fachleute vermuten, daß das Spiel um 1800 in China entstanden ist, daß es dann im Osten leidenschaftlich gespielt wurde und sich schließlich im Westen ausgebreitet hat. Die ersten westlichen Bücher waren nach Read kaum mehr als Kopien der chinesischen Reispapierbücher. Die westlichen Bücher übernahmen sogar die Fehler in den Illustrationen der chinesischen Vorlage.

Eines der ersten englischsprachigen Bücher über das Tangram, das ursprünglich Charles Lutwidge Dodgson (der unter dem Namen

Lewis Carroll besser bekannt ist) gehört hatte, gelangte in den Besitz von Dudeney. Dieses Buch trug den Titel *The Fashionable Chinese Puzzle* und war 1817 in New York erschienen. Dudeney zitiert daraus eine Passage, in der behauptet wird, das Spiel sei das Lieblingsspiel des »Exkaisers Napoleon, der heute sehr geschwächt ist und sehr zurückgezogen lebt und der täglich viele Stunden damit verbringt, mit Hilfe des Tangrams seine Geduld und seinen Einfallsreichtum zu üben«. Auch dies ist eine Behauptung, für die es keine Belege gibt und die zweifellos falsch ist. Loyd hat behauptet, das Tangram sei eine Vorliebe von John Quincy Adams und Gustave Doré gewesen, obwohl ich auch hierfür keine Belege kenne. Wir wissen, daß Edgar Allen Poe das Spiel gemocht hat, da die New York Public Library seine aus Elfenbein geschnitzten Spielsteine besitzt. Das anonym erschienene französische Buch *Recueil des Plus Jolie Jeux de Société* (1818) könnte eine Übersetzung von Dodgsons englischem Buch sein oder umgekehrt. Ich selbst habe weder von dem einen noch von dem anderen ein Exemplar gesehen. Ein 1817 erschienenes amerikanisches Buch trägt den Titel *Chinese Philosophical and Mathematical Trangram*. »Trangram« ist ein altes englisches Wort, das soviel bedeutet wie Plunder, Spielzeug oder Rätsel. Von Samuel Johnson stammt die falsche Schreibweise »Trangram«, die sich in den späteren Wörterbüchern erhalten hat. Hat der Verfasser des anonymen Buches ein obsoletes altertümliches Wort wiederbelebt, das sich später zu »Tangram« weiterentwickelte, oder hat er das bereits gebräuchliche Wort »Tangram« falsch geschrieben? Der geheimnisvolle Roman *The Chinese Nail Murders* des dänischen Diplomaten und Orientalisten Robert van Gulik dreht sich um Tangramfiguren.

Abbildung 3 zeigt das Tangram aus dem Besitz von Poe. Die filigranen Schnitzereien sind charakteristisch für alte chinesische Tangramsteine. Man beachte, daß die Teile zweilagig in eine quadratische Schachtel gepackt werden können. Die beiden Lagen stellen gleich große Quadrate dar: So ist auch das Wegpacken der Steine noch eine Denksportaufgabe. Im neunzehnten Jahrhundert, als das Tangram unter chinesischen Erwachsenen populär war (heute gilt es im Fernen Osten als Kinderspielzeug), wurden die Teile in vielen verschiedenen Abmessungen und aus unterschiedlichen Materialien hergestellt. Schalen, Lacktöpfe und sogar kleine Tische wurden in Tangramformen gefertigt.

Soviel zum historischen Hintergrund. Wir wollen uns nun der ersten

Abbildung 3: Das Tangramspiel von Edgar Allen Poe

der drei Kategorien von Tangramaufgaben zuwenden: dem Legen vorgegebener Figuren. Abbildung 4 zeigt ein Dutzend interessanter Umrisse. Der Leser ist eingeladen, daran seine Fertigkeiten zu versuchen. Für jeden Umriß sind alle sieben Teile erforderlich. Eine der abgebildeten Figuren kann man nicht legen. Welche Figur ist es? Können Sie beweisen, warum es unmöglich ist?
Die Tangrampaare von Abbildung 5 sind Kostproben ansprechender Paradoxien. Die drei ersten Paare stammen von Loyd, das vierte Paar geht auf Dudeney zurück. Obwohl die rechte Figur so aussieht, als gleiche sie der Figur auf der linken Seite exakt – sieht man einmal von dem fehlenden Stück ab –, bestehen doch beide jeweils aus allen sieben Teilen! Die Tangrams, die in Abbildung 6 dargestellt sind, sollen nicht gelegt werden. Sie sind vielmehr Illustrationen für die zweite Kategorie von Aufgaben, das kreative Legen amüsanter Figuren. (Ich gestehe, daß ich für die Nixon-Karikatur verantwortlich bin.) »Ein bemerkenswerter Zug der Tangramfiguren ist«, schreibt Dudeney, »daß sie der Vorstellungskraft etwas suggerieren,

31

Abbildung 4: Welches Tangram kann nicht gelegt werden?

Abbildung 5: Tangramparadoxien

was in Wirklichkeit gar nicht vorhanden ist. Wer kann sich beispielsweise Lady Bellinda anschauen, ohne schon bald ihre hochnäsige Miene zu spüren? Man sieht den Storch und bemerkt, wie sein Bein viel schlanker wird als irgendeines der verwendeten Tangramteile. Es handelt sich in der Tat um eine optische Täuschung. Am Beispiel

33

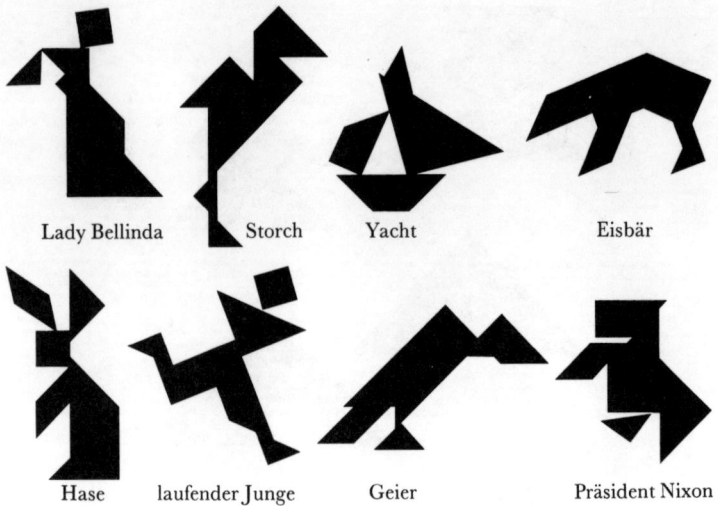

Lady Bellinda   Storch   Yacht   Eisbär

Hase   laufender Junge   Geier   Präsident Nixon

Abbildung 6: Tangrambilder

der Yacht erkennt man, wie durch das Fehlen des kleinen Winkels an ihrer Spitze ein ganzer Mast suggeriert wird. Legt man seine Tangramsteine auf weißes Papier, und zwar so, daß sie sich nicht allzu nahe kommen, so werden in manchen Fällen die geschilderten Effekte durch die weißen Linien noch verstärkt; in anderen Fällen werden sie aber fast vollständig zerstört.«

Will man raffiniertere Figuren legen, so kann man zwei oder mehrere Tangramspiele gleichzeitig benutzen. In seinem Buch *536 Puzzles and Curious Problems* gibt Dudeney auf den Seiten 221 bis 222 einige Beispiele für solche »Doppeltangrams«. Andere Beispiele finden sich in Reads Buch. Ich stimme jedoch der folgenden Behauptung von Read zu: »Spielt man mit vierzehn Teilen herum, so kann man sich des Eindrucks nicht erwehren, daß man mit ihnen jedes Gebilde einigermaßen ähnlich nachlegen kann. Folglich ist die Befriedigung, die man empfindet, wenn man eine wiedererkennbare Kuh, ein Segelboot, eine menschliche Gestalt oder was auch immer mit sieben Teilen gelegt hat, bei vierzehn Teilen nicht vorhanden.«

Kombiniert man aber zwei aus sieben Teilen gelegte zusammenpassende Tangrams miteinander, so ist das eine ganz andere Sache. Vier klassische Beispiele hierfür stammen von Loyd: eine Frau, die einen

Abbildung 7: Doppeltangrams von Sam Loyd

Kinderwagen schiebt, ein Läufer, der an seinem Schlagmal eingefangen wird, zwei indianische Kämpfer und ein Mann mit einer Schubkarre (vergl. Abb. 7). Man beachte, daß der Mann und der Schubkarren identische Tangrams sind, die sich nur durch ihre Lage in der Ebene unterscheiden.

Die dritte Kategorie von Tangramaufgaben, das Lösen kombinatorischer Probleme, ist die für Mathematiker interessanteste. Read, ein Spezialist für Graphentheorie, hat einige bemerkenswerte Beiträge zu diesem Problemkreis geliefert. Andere wichtige Arbeiten stammen von dem Computerspezialisten E. S. Deutsch. Einige Resultate dieser beiden Autoren werden im nächsten Kapitel vorgestellt.

Um dem Leser etwas Appetit zu machen, folgen hier zwei Probleme, deren Lösungen dort verraten werden:

1. Wie viele verschiedene konvexe Polygone lassen sich mit den sieben Teilen des Tangramspieles legen? In den fraglichen Figuren darf kein einziges »Fenster« zu finden sein. Figuren, die durch Drehung oder Spiegelung ineinander überführt werden können, sollen – anders als sonst üblich – nicht als verschieden gelten. Weil alle dreiseitigen Polygone konvex sind und kein vierseitiges

nichtkonvexes Polygon mit allen sieben Teilen gelegt werden kann, liefert die Antwort auf die obige Frage auch die Anzahl der drei- und vierseitigen Polygone. Einfach einzusehen ist, daß nur ein Dreieck gelegt werden kann. (Weil die Winkel an den Ecken Vielfache von 45 Grad sein müssen, muß das fragliche Dreieck rechtwinklig gleichschenklig sein.) Die Ermittlung der konvexen Polygone mit größerer Eckenzahl ist allerdings ein bißchen trickreicher.

2. Wie viele fünfseitige Polygone lassen sich legen?

Antworten

Die unmögliche Figur in Abbildung 4 ist das Quadrat mit dem quadratischen Loch in der Mitte: Die beiden großen Dreiecke lassen sich nur in einander gegenüberliegenden Ecken unterbringen. Das quadratische Teil muß in eine dritte Ecke, und das Parallelogramm muß die vierte Ecke berühren. Dann aber ist kein Platz mehr für das mittelgroße Dreieck.

3
Tangram (Teil 2)

Das Legen von Figuren mit Hilfe
von sieben hölzernen Teilen,
die als Tans bekannt sind, ...
ist eine der ältesten Zerstreuungen im Osten.
Es lassen sich viele hundert Figuren legen:
Männer, Frauen, Vögel, Tiere, Fische,
Häuser, Boote, Haushaltsgegenstände, Muster etc.
Allerdings ist diese Zerstreuung nicht mathematischer Natur,
weshalb ich mich hier widerstrebend darauf beschränke,
sie bloß zu erwähnen.

W. W. Rouse Ball, *Mathematical Recreations and Essays*

Nicht mathematischer Natur? Das hat Ball wohl geschrieben, ohne
lange über diesen Punkt nachgedacht zu haben. In diesem Kapitel
wollen wir einige nichttriviale kombinatorische Probleme betrachten, die sich im Zusammenhang mit dem Tangram stellen.

Wie viele Seiten kann eine mit allen sieben Teilen gelegte Tangramfigur haben? Obwohl die Antwort offensichtlich ist, scheint sie
erstmals von Harry Lindgren erwähnt worden zu sein. Es folgt ein
Zitat aus einer Mitteilung von Ronald C. Read an mich.
»Die Tangramteile besitzen insgesamt 23 Seiten. Daraus folgt, daß
ein Tangram wie das abgebildete (Abbildung 8 links) 23 Seiten
haben wird. Andererseits sind Tangrams, bei denen die Teile sich
nur in den Ecken berühren, mathematisch uninteressant.« Read
schlägt darum folgende Regel vor: »Eine Tangramfigur sollte als
Grenzlinie eine Kurve besitzen, die topologisch äquivalent zu einer
Kreislinie ist (das heißt, daß sich diese Grenzlinie nicht selbst
schneiden darf)«. Read nennt solche Tangrams »echt«. Wie viele
Seiten kann ein echtes Tangram besitzen? Wieder lautet die Antwort
23. Der Beweis wird von dem nach vorn gebeugten Mann, der in
Abbildung 8 rechts zu sehen ist – aber auch von zahllosen anderen
Beispielen –, geliefert.

Abbildung 8: Eine unechte (links) und eine echte (rechts) Tangramfigur mit jeweils 23 Seiten

Die echten Tangrams enthalten eine wichtige Untermenge, die Read als »ordentliche« Tangrams bezeichnet. Um die Bedeutung dieser Bezeichnungsweise zu verstehen, zerlegt man alle Tangramteile (mit Ausnahme der beiden kleinen Dreiecke) so durch Linien, daß sechzehn kongruente rechtwinklig-gleichschenklige Dreiecke entstehen, deren Schenkel Einheitslänge haben (vergl. Abb. 9). Ein ordentliches Tangram ist ein echtes Tangram, das so gelegt wurde, daß, wann immer zwei Teile aneinanderstoßen, die Seiten der kleinen rechtwinkligen Dreiecke exakt zusammenpassen. (Das soll heißen: entweder grenzen Hypotenuse und Hypotenuse oder Kathete und Kathete aneinander.) Alle konvexen Tangrams sind ordentlich, und die meisten traditionellen Figuren sind es auch (vergl. Abb. 10).

Ordentlichkeit charakterisiert nebenbei bemerkt auch die fernöstliche Technologie, in der die Abmessungen von Häusern, Möbeln und dergleichen dazu tendieren, exakte Vielfache einer Grundlänge zu sein. Die japanische Bauindustrie ist, so wurde mir erzählt, eine der effizientesten der Welt, weil die japanischen Bauhölzer standardisierte Längen haben, die Vielfache einer Grundlänge sind.

Außer der Ordentlichkeit hat Read noch zwei weitere Einschränkungen eingeführt: Ein ordentliches Tangram soll zusammenhängend sein (das heißt, nur aus einem Stück bestehen), und es soll keine Löcher im Innern geben, wobei hier auch Löcher, die die Begrenzungslinie in einem oder mehreren Punkten berühren, eingeschlossen sein sollen. Es ist zweckmäßig, ordentliche Tangrams auf kariertem Papier darzustellen, und zwar so, daß alle Seiten mit ganzzahliger Länge auf den Linien des Gitters zu liegen kommen. Dann sind alle

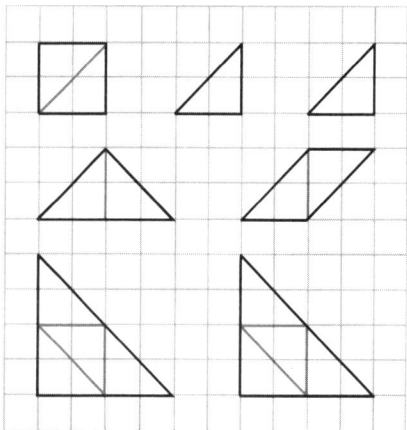

Abbildung 9: Die sieben Tangramteile

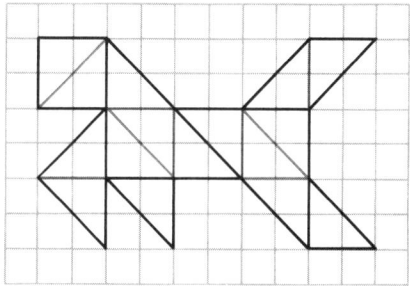

Abbildung 10: Ein ordentliches Tangram, das einen Hund darstellt und 17 Seiten besitzt

diagonalen Linien Vielfache von $\sqrt{2}$ und somit irrational. Diese Einsicht hat Read auf ein sehr schönes Problem geführt: Wieviel ordentliche Tangrams gibt es, deren Seiten *sämtlich* irrational sind? Zeichnet man ein derartiges Tangram auf kariertes Papier, so verlaufen alle seine Seiten diagonal.

Die Tangramteile besitzen (in der ordentlichen Unterteilung) insgesamt dreißig Seitenstücke. Read fährt fort: »Wann immer wir zwei Teile aneinanderlegen, gehen die beiden Seiten, an denen sie zusammengelegt werden, für die Grenzlinie verloren. Es kann auch geschehen, daß wir mehr als zwei verlieren. Damit das entstehende Tangram zusammenhängend wird, muß es mindestens sechs Linien geben, in denen zwei Teile zusammentreffen. Deshalb ist der Verlust von zwölf Seitenstücken unvermeidlich. Also bleiben nur 18 Seitenstücke für die äußere Begrenzung übrig. Jede Grenzlinie eines ordentlichen Tangrams besteht aus mindestens einem Seitenstück. Deshalb kann die Gesamtanzahl von Seiten nicht größer als 18 sein.« Der Hund aus Abbildung 10 beweist, daß ein ordentliches Tangram tatsächlich die Maximalanzahl von Seiten besitzen kann.

Die Gesamtzahl echter Tangrams ist offensichtlich unendlich. Um das einzusehen, muß man sich nur klarmachen, daß zwei Tangramteile in unendlich vielen Positionen zusammentreffen können. Schränkt man die Frage jedoch auf bestimmte Arten von Tangrams ein, so ergeben sich interessante Probleme der abzählenden Kombinatorik. Beispielsweise das folgende: Wie viele konvexe Tangrams gibt es? Ein konvexes Tangram ist ein Polygon, in dem alle Innenwinkel kleiner als 180 Grad sind. Fu Tsiang Wang und Chuan-Chih Hsiung zeigten 1942 in ihrem Aufsatz »A Theorem on Tangram«, der in *The American Mathematical Monthly* erschienen ist, daß es nur dreizehn konvexe Tangrams gibt (vergl. Abb. 11). Zählt man spiegelbildliche Tangrams als eigene Gruppe, so gibt es 18 konvexe Tangrams. Diese achtzehn konvexen Tangrams finden sich in einem chinesischen Tangram-Buch, in dem auch die Lösungen angegeben sind. Sie zeigen, daß man alle Lösungen legen kann, ohne das parallelogrammförmige Teil umzudrehen. (In der Abbildung wurden die inneren Linien weggelassen, um dem Leser nicht die Freude daran zu verderben, seine eigenen Lösungen zu suchen.)

Unter den dreizehn konvexen Tangrams finden sich alle Polygone mit drei und vier Seiten, die man mit sieben Steinen legen kann. Wie schon im vorangegangenen Kapitel bemerkt, gibt es keine nichtkonvexen Vierecke. (Können Sie das beweisen? Ein Hinweis: Die Innenwinkel eines derartigen Vierecks müßten dreimal 45 Grad und einmal 225 Grad betragen, und die Figur würde aus sechzehn gleichschenkligen rechtwinkligen Dreiecken bestehen, die kongruent zum kleinsten dreieckigen Tangramteil sein müßten.) Dagegen *können* fünfseitige, aus Tangramteilen gebildete Polygone nichtkonvex sein. Von Lindgren stammt die Frage: Wie viele Fünfecke – konvex oder nicht – lassen sich mit den sieben Tangramteilen legen? An dieser Stelle fand sich in meiner Kolumne von 1974 ein Beweis

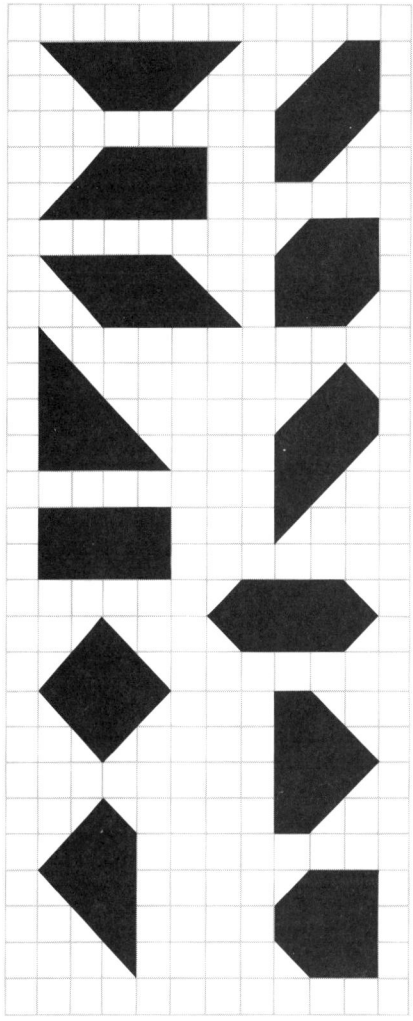

Abbildung 11: Die dreizehn konvexen Tangrams

dafür, daß es sechzehn ordentliche und zwei »unordentliche« Fünf-ecke gibt – was eine Gesamtzahl von achtzehn ergibt. Unglücklicher-weise enthielt der Beweis einen Fehler, den die Leser rasch entdeckt hatten. Monatelang überfluteten mich Briefe von Lesern aller Alters-stufen, die Fünfecke gefunden hatten, die sich nicht unter den achtzehn Fünfecken, die ich in einer Illustration abgebildet hatte, befanden.

Ich führte Buch über die verschiedenen Fünfecke, die mir die Leser schickten, bis ich das Maximum von zweiundzwanzig ordentlichen und einunddreißig unordentlichen Fünfecken erreicht hatte, also von insgesamt dreiundfünfzig. Nur zwei Lesern, die unabhängig vonein-ander und nur mit Papier und Bleistift gearbeitet hatten, gelang es, alle dreiundfünfzig zu finden. Das waren Allen L. Sluizer aus Northbrook, Illinois, und Åke Lindgren aus Uppsala in Schweden. Im Jahre 1975 konnte Dr. I. Takeuchi vom Institut für Elektrotech-nik in Musashimo bei Tokio die Zahl dreiundfünfzig mit Hilfe eines Computerprogrammes bestätigen. Ohne Kenntnis von Takeuchis Programm zu haben, schrieb Michael Beeler aus Cambridge, Massa-chusetts, 1976 ebenfalls ein Computerprogramm, das zum selben Resultat gelangte. Beelers Darstellung der dreiundfünfzig Fünfecke ist in Abbildung 12 zu sehen.

Man fragt sich nun vielleicht, wie viele Tangrampolygone sechs, sieben oder mehr Seiten besitzen. Diese Frage ist, darauf hat Read hingewiesen, leicht zu beantworten. Für Werte von n zwischen 6 und 23 gibt es unendlich viele n-Ecken. Um das zu erkennen, muß man sich nur das Fünfeck Nummer 28 in der Abbildung 12 ansehen: Verschiebt man das große Dreieck zur Linken entlang der Hypote-nuse des anderen großen Dreiecks, so kann man unendlich viele Sechsecke bilden. Wie viele ordentliche Sechsecke gibt es? Obwohl diese Anzahl endlich ist, wurde sie meines Wissens nach noch nicht bestimmt.

Natürlich ist auch die Gesamtanzahl ordentlicher Tangrams endlich. Aber auch diese Zahl (die Read die ordentliche Zahl nennt) ist noch unbekannt. Read hat sich ein raffiniertes Verfahren ausgedacht, mit dessen Hilfe man einen Computer so programmieren könnte, daß er diese Zahl ermittelt. Aber Read schätzt, daß diese Zahl weit in die Millionen geht, und das fragliche Programm ist bis heute nicht geschrieben worden. Leider sind die Details von Reads Verfahren so komplex, daß sie hier nicht wiedergegeben werden können. Ein einfacheres Problem konnte jedoch mit Hilfe desselben Verfahrens gelöst werden. Ein Minitangram ist nach Read ein Tangram, das aus allen Tans außer den beiden großen Dreiecken besteht. Folglich besitzt ein Minitangram fünf Teile. Es ist nun wesentlich einfacher, die Anzahl aller ordentlichen Minitangrams zu ermitteln als die Anzahl aller ordentlichen Tangrams. Read gelang es, diese Zahl mit einem Computer zu berechnen. Das Programm lieferte nach einer halben Stunde Laufzeit das Ergebnis 951. Der Computer war mit einem Bildschirm verbunden, auf den er alle ordentlichen Minitangrams aufzeichnete.

Reads Programme waren so konstruiert, daß sie zwar zählen, aber keine Tangrams lösen konnten. Ist es möglich, ein Programm zu schreiben, das ein beliebig vorgegebenes Tangram untersucht und dann mindestens eine Lösung angibt? Ja, ein derartiges Programm ist von dem Computerfachmann E. S. Deutsch entwickelt und publiziert worden. Theoretisch kann man ein Programm schreiben, das alle Möglichkeiten, wie sich Tans in ein gegebenes Tangram anfügen lassen, systematisch untersucht, um dann alle Lösungen einer Position auszudrucken. Allerdings ist die Komplexität eines derartigen Programmes so groß, daß bis jetzt noch niemand den Versuch unternommen hat, solch ein Programm zu schreiben. Deutschs Programm ist nicht von diesem Typus. Es arbeitet vielmehr heuristisch. Das bedeutet, daß es auf eine ganz ähnliche Art wie ein Mensch versucht, eine Tangramposition zu lösen. Es unternimmt eine Reihe von Versuchen, bewertet dann die Ergebnismeldung und geht, falls keine Lösung gefunden wurde, zum Ausgangspunkt zurück, um einen weiteren Versuch zu starten. So fährt das Programm fort, bis es entweder eine Lösung findet oder aber aufgibt. Nur selten erleidet das Programm einen Mißerfolg; in der Regel braucht es für die Lösung einer Tangramposition zwei Sekunden.

Das Programm beginnt damit, die Umrißlinie des Tangrams zu untersuchen. Dabei merkt es sich die Längen der Seiten und die Größe der Winkel an den Ecken. Dann versucht es, das Tangram in zwei oder mehrere Untertangrams zu zerlegen. Treffen sich zwei Teile eines Tangrams in einem Punkt, so besteht das Tangram offenkundig aus zwei getrennten Untertangrams. Wenn zum Beispiel ein Hase zwei Ohren hat, die jeweils von einem der beiden kleinen Dreiecke gebildet werden, und berührt jedes Ohr den Kopf nur in einem Punkt, so erkennt das Programm sofort diese beiden Teile und

44

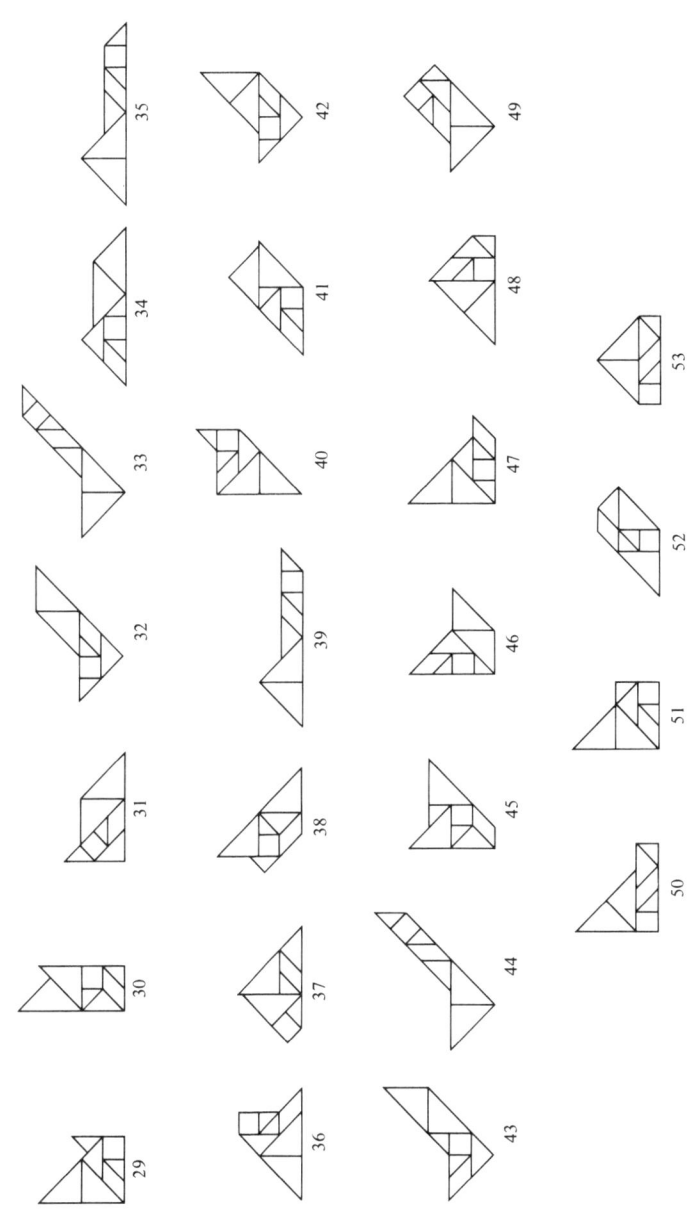

Abbildung 12: Die dreiundfünfzig Fünfecke

45

entfernt sie, um anschließend das verbleibende Untertangram weiter zu bearbeiten. Besitzt das Tangram keine Teile, die sich in Punkten treffen, so erkundet das Programm Möglichkeiten, das Tangram in Untertangrams zu zerlegen, indem es Seiten von einer Ecke ausgehend in das Innere der Figur zu verlängern versucht. In vielen Fällen führt die Verlängerung einer Seite ins Innere zu einer offensichtlichen Zerlegung des Tangrams in Untertangrams; in anderen Fällen ist die verlängerte Linie nur eine mögliche Zerlegungslinie.

Nachdem das Programm diese einleitenden Erkundigungen angestellt hat, wendet es eine Reihe heuristischer Tests an, bis es eine Möglichkeit findet, die Tangramteile zu einem tatsächlichen oder möglichen Untertangram zusammenzufügen. Ist eine solche Möglichkeit gefunden, so wird das entsprechende Untertangram aus der Figur herausgenommen, und das Programm wendet sich dem verbleibenden Rest zu. Die Tests sind gemäß ihrer Effizienz angeordnet. Das bedeutet, daß der stärkste Test zuerst angewendet wird, dann der zweitstärkste und so weiter. Wird keine Lösung gefunden, so geht das Programm zum Ausgangspunkt zurück und beginnt mit dem zweiten Test. Es ist an dieser Stelle nicht möglich, das Programm detaillierter zu beschreiben. Der interessierte Leser findet eine vollständige Erklärung mit Flußdiagrammen und Beispielen in dem Aufsatz »A Heuristic Solution to the Tangram Puzzle« von E. S. Deutsch und Kenneth C. Hayes Jr. in *Machine Intelligence* 7. Ein ähnliches Programm wurde 1972 von dem dänischen Studenten Ejvind Lynning entwickelt, der mit Jacques Cohen, einem Physiker der Brandeis Universität, zusammenarbeitete.

Aus offenkundigen Gründen ist es sowohl für Menschen als auch für den Computer in der Regel schwieriger, ordentliche Tangrame zu lösen als unordentliche. Die Schwierigkeit nimmt mit abnehmender Seitenzahl zu. Man könnte auf die Idee kommen, es sei schwieriger, ein Muster, das nur genau eine Lösung zuläßt, zu erzeugen als eines mit mehreren Lösungen. Das ist aber nicht der Fall. Ein Muster, in dem sich alle Tangramteile immer nur in einem Punkt berühren, läßt nur eine Lösung zu, und diese Lösung liegt unmittelbar auf der Hand. Andererseits gehören einige Muster mit einer sehr großen Anzahl von Lösungen zu den schwierigsten überhaupt.

Bei der Konstruktion von Tangramen mit »Löchern« ergeben sich viele interessante und neuartige Probleme. Es ist nicht schwierig, ein quadratisches Loch mit der Fläche vier oder ein dreieckiges Loch mit

Abbildung 13: Tangrame mit Löchern

der Fläche zwei zu legen, die den Rand der Figur nicht berühren. Man kann auch leicht zwei dreieckige Löcher mit den Flächen 1 und ½ bilden, die sich weder gegenseitig noch den Rand berühren (vergl. Abb. 13). Dabei soll »berühren« die Berührung in nur einem Punkt umfassen. Findet der Leser eine Möglichkeit, genau zwei quadratische Löcher zu konstruieren, die beide 1 auf 1 groß sind und die sich weder gegenseitig noch den Rand berühren? Oder, unter denselben Bedingungen wie eben, zwei Löcher – wobei das eine dreieckig und das andere quadratisch sein soll und die beide die Fläche eins besitzen? Diese Aufgaben sind nicht schwer. Die beiden folgenden Probleme, die ich mir selbst gestellt habe, erscheinen mir wesentlich komplizierter:

1. Man erzeugt genau drei Löcher, wobei zwei Löcher dreieckig und eines quadratisch sein sollen. Dabei dürfen sich die Löcher weder gegenseitig berühren noch sollen sie den Rand berühren.
2. Man erzeugt zwei rechteckige und ein dreieckiges Loch, die sich weder gegenseitig noch den Rand berühren. Es ist offensichtlich, daß nicht alle drei Löcher der geschilderten Art rechteckig oder dreieckig sein können. Ebenfalls unmöglich ist es, daß zwei dreieckige Löcher jeweils die Fläche eins haben.

Ein anderes, noch ungelöstes Problem, das sich im Zusammenhang mit Löchern stellt, ist das »Bauernhofproblem«. Wie groß ist das größte Loch, das innerhalb eines Tangrams liegen kann, ohne dessen Rand zu berühren? Die Lösung zeigt einen Grenzwert, den man nicht erreichen kann, dem man sich aber beliebig anzunähern vermag. (Das Beste, was ich zustande brachte, war der Wert 10,985.) Wie viele Ränder kann ein Loch haben, das zusammenhängend ist und den Rand nicht berührt? Hier lautet die mögliche Maximalzahl mit Sicherheit dreizehn. Wie sieht der größte »Bauernhof« aus, der

47

den Rand eines quadratischen Tangrams nicht berührt? Wie verhält es sich im Fall eines rechteckigen oder eines dreieckigen Tangrams?

Eine andere Art von unerforschten Problemen, die sich im Zusammenhang mit dem Tangram stellen, beschäftigt sich mit der Frage, wie man ein Tangram in möglichst wenigen Zügen in ein anderes überführen kann. Ein Zug besteht darin, daß man die Position eines oder mehrerer Tangramteile verändert, ohne die Anordnung als Ganzes zu zerstören. So läßt sich zum Beispiel das große quadratische Tangram in einem Zug in das große dreieckige oder in das große parallelogrammförmige Tangram überführen. Um das 2 mal 4-Rechteck zu erreichen, braucht man drei Züge. Read hat ferner in seinem Buch darauf hingewiesen, daß man das Quadrat in ein 3 mal 3-Quadrat, dem eine 1 mal 1-Ecke fehlt, durch zwei Züge verändern kann.

Ein letztes Problemfeld, das weitgehend unerforscht ist, hängt mit der Konstruktion von Wettkampfspielen zusammen, die ein oder mehrere Tangramspiele verwenden. Das einzige dieser Art, das ich in der englischsprachigen Literatur finden konnte, ist das folgende Partyspiel: Man händigt jedem Gast ein Tangramspiel aus und setzt einen Preis für diejenigen aus, die als erste eine Reihe von vorgegebenen Figuren gelegt haben. Der von Read eingeführte Begriff der Ordentlichkeit legt eine Vielzahl von Zwei-Personen-Spielen nahe. Es folgen drei derartige Spiele, die mir eingefallen sind. Will man sie spielen, so dürfte es eine große Hilfe sein, wenn man die Mitten der langen Seiten der Teile markiert. Das macht es leichter, die Tangramteile ordentlich aneinanderzulegen.

1. Das Anlegespiel: Man beginnt damit, aus den Tangramteilen das große Dreieck, das Quadrat oder sonst ein Polygon mit vier Seiten zu legen. Die Spieler ziehen abwechselnd. Ein Zug besteht darin, daß man die Position eines Teiles verändert, und zwar so, daß ein ordentliches Tangram entsteht, das mehr Seiten besitzt als das, von dem man ausgegangen ist. Der Spieler, der als erster nicht mehr ziehen kann, verliert.

2. Variante des Anlegespiels: Prinzip wie oben – mit dem einzigen Unterschied, daß das Ausgangstangram ein ordentliches Polygon mit achtzehn Seiten sein soll und daß jeder Zug die Anzahl der Seiten verringern muß. Wie im einfachen Anlegespiel ist es auch hier verboten, ein Teil so zu bewegen, daß ein Loch entsteht oder

daß die Figur in separate Teile zerfällt, die sich nur noch in Punkten berühren. Beide Varianten des Anlegespiels enden rasch. Weil ein ordentliches Tangram mindestens drei Seiten haben muß und höchstens achtzehn haben kann, kann sich ein Spiel über maximal fünfzehn Züge erstrecken.

3. Variante des Anlegespiels: Man beginnt mit einem zehn- oder elfseitigen ordentlichen Tangram. Einer der beiden Spieler muß bei jedem seiner Züge die Seitenanzahl vergrößern, der andere muß sie verringern. Es ist nicht erlaubt, dasselbe Teil zweimal unmittelbar hintereinander zu bewegen. Jeder Spieler führt über die Zu- beziehungsweise Abnahmen, die seine Züge verursachen, Buch. Wer zuerst 30 Punkte erreicht hat, ist Sieger. Kann ein Spieler nicht mehr ziehen, so hat er verloren. Gelingt es dem Spieler, der die Seitenzahl vergrößern soll, ein achtzehnseitiges Tangram zu legen, hat er gewonnen. Gelingt es dagegen dem Spieler, der die Seitenzahl verringern muß, ein drei- oder vierseitiges Tangram zu erzeugen, so hat er gewonnen. Diese Variante dauert erheblich länger als die beiden anderen. Oft ergeben sich unerwartete Wendungen. So kommt es vor, daß ein Spieler mit großem Vorsprung führt, nur um zu entdecken, daß er, gerade bevor er den letzten Zug ausführen will, zugunfähig geworden ist.

Bei allen drei Varianten empfiehlt es sich, die erreichten Seitenzahlen aufzuschreiben, da diese rasch in Vergessenheit geraten und man dann viel Zeit verliert, um sie zu rekonstruieren. Ein Skatblock ist nicht nur nützlich, um die Seitenzahlen festzuhalten, sondern auch, um ihre Veränderungen in der dritten Variante aufzuzeichnen.

Antworten

In Abbildung 14 sind verschiedene Lösungen für die Vierlöcheraufgaben zu sehen. Oben links ist eine Möglichkeit wiedergegeben, wie man zwei quadratische Löcher mit einem Flächeninhalt von jeweils eins erzeugen kann. Die Abbildung oben rechts zeigt eine Figur mit zwei Löchern, eines ist dreieckig, während das andere die Form eines Quadrates besitzt. Beide Löcher haben den Flächeninhalt eins. Unten links ist eine Möglichkeit dargestellt, wie man

Abbildung 14: Lösungen für Lochprobleme

ein quadratisches und zwei dreieckige Löcher legen kann. (Diese Figur geht extrem knapp auf. Die Hypotenuse des oberen Dreiecks ist nur rund 0,121 Einheiten länger, als sie mindestens sein muß.) Rechts unten sind zwei rechteckige und ein dreieckiges Loch zu sehen.

Read hat folgende Tatsache bewiesen: Ein Tangram, das bis auf eines oder mehrere Löcher ordentlich ist, kann nur ein Loch haben, vorausgesetzt, daß sich die Löcher weder gegenseitig noch den Rand berühren dürfen. Dabei ist das kleinstmögliche Loch genauso groß wie das kleine dreieckige Tangramteil. Gleichgültig, wie man zwei derartige Löcher anordnet, es sind immer mindestens siebzehn Dreiecke erforderlich, um die Löcher vom Rand des Tangram zu trennen. Weil die sieben Tangramteile aus insgesamt sechzehn Dreiecken bestehen, ist es deshalb unmöglich, ein Tangram zu legen, das die oben genannten Bedingungen erfüllt. Im Falle von nichtordentlichen Tangrams stellt sich heraus, daß es bis zu drei Löcher geben kann, die sich weder gegenseitig noch den Rand berühren.

Das Quadrat ist das einzige ordentliche Tangram, dessen Seiten alle

50

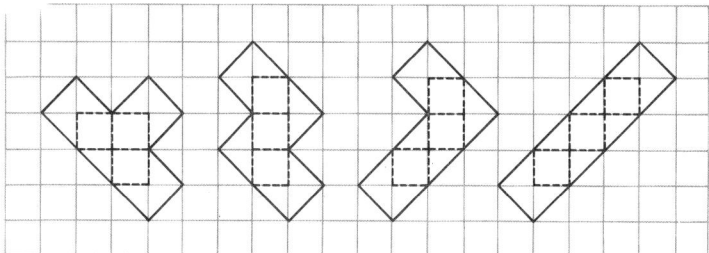

Abbildung 15: Unmöglichkeitsbeweis für nichtquadratische Tetraminos

irrational sind. Was folgt, ist Reads Beweis dieser Tatsache. Wie ich bereits im vorangegangenen Kapitel erklärt habe, bilden die Seiten eines irrationalen Tangrams, das man auf Papier mit Rechenkästchen aufzeichnet, wobei die Einheit horizontal und vertikal abgetragen werden soll, lauter 45°-Winkel mit den Linien des Gitternetzes. Also müssen alle Winkel an den Ecken entweder 90° oder 270° groß sein. Weil jede Seitenlänge ein Vielfaches von $\sqrt{2}$ ist und die Gesamtfläche 8 beträgt, folgt, daß jedes irrationale ordentliche Tangram ein Tetramino sein muß, das aus vier Quadraten zusammengesetzt ist, deren Kantenlängen sämtlich gleich $\sqrt{2}$ sind. Es gibt fünf Tetraminos. Von einem dieser Tetraminos, nämlich vom Quadrat, wissen wir, daß man es legen kann. Es ist einfach zu beweisen, daß alle anderen Tetraminos nicht mit Tangramteilen erzeugt werden können. Hierzu wird das quadratische Tangramteil in jede der drei angedeuteten möglichen Positionen (vergl. Abb. 15) gelegt und anschließend untersucht, wie man das fragliche Tangram vervollständigen könnte. Das erste Tetramino scheidet sofort aus, weil es keine Möglichkeit gibt, die beiden großen Dreiecke unterzubringen. In den anderen drei Fällen gibt es in Abhängigkeit von der Position des quadratischen Tangramteiles immer höchstens vier Möglichkeiten, wie man die beiden großen Dreiecke unterbringen kann. In jedem Fall bleibt aber, nachdem man das Quadrat und die beiden großen Dreiecke gelegt hat, kein Platz mehr für das Parallelogramm. Also ist das Quadrat das einzig mögliche ordentliche, irrationale Tangram.
Die Abbildung 16 zeigt meine Lösung des Bauernhofproblems, bei der ein Grenzwert von ca. 10,985 erreicht wird.

51

Abbildung 16: Eine Lösung des Bauernhofproblems

Ergänzungen

Dutzende, ja vielleicht Hunderte von tangramähnlichen Spielen werden weltweit in Büchern und Artikeln beschrieben und industriell gefertigt. Diese Spiele unterscheiden sich vom herkömmlichen Tangram durch unterschiedliche Zerlegungen in Quadrate, Rechtecke, Kreise und ähnliches. Einige Varianten, die auf den Markt gelangt sind, findet man in dem epochemachenden Buch von Professor Hoffmann über mechanische Spiele, *Creative Puzzles of the World* von Pieter van Delft und Jack Botermans sowie in *Puzzles Old and New* von Jerry Slocum und Jack Botermans.

Besonders interessant ist ein 32seitiges Buch, das von Kyoto Chobo 1742 in Japan veröffentlicht wurde. Es ist deshalb interessant, weil es früher als alle anderen chinesischen Werke zu diesem Thema publiziert worden ist und sich darin zweiundvierzig Muster finden, die man mit Hilfe von sieben Teilen legen soll. Die Voraussetzung ist, daß man ein Quadrat wie in Abbildung 17 zerschneidet. Der Titel des Buches lautet übersetzt etwa *Die genialen Steine der Sei Shonagon*. (Sei Shonagon war eine Hofdame im späten zehnten und frühen elften Jahrhundert, die das berühmte *Buch der Kissen* geschrieben

52

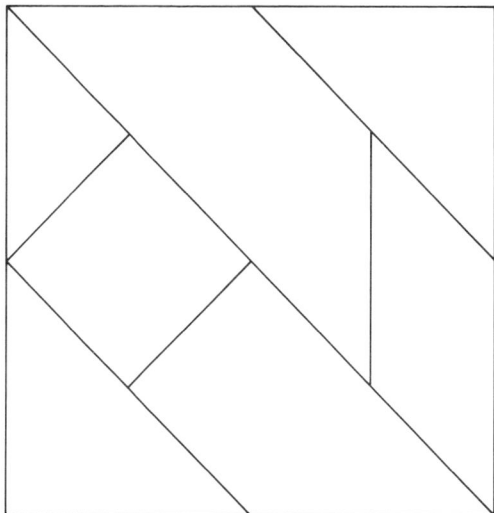

Abbildung 17: Die Teile der Sei Shonagon

hat.) Über den Autor, der das Pseudonym Ganrei-Ken benützt, ist nichts bekannt. Es ist sehr unwahrscheinlich, daß Sei Shonagon das Spiel gekannt hat. Shigeo Takagi, ein Zauberer aus Tokio, war so freundlich, mir eine Fotokopie dieses seltenen Buches zu schicken. Abweichend vom chinesischen Tangram ist es beim Shonagon-Spiel möglich, das Quadrat auf zwei verschiedene Arten zu legen. Finden Sie die zweite Möglichkeit? Mit seinen Teilen ist es auch möglich, ein Quadrat mit einem quadratischen, seitenparallelen Loch in der Mitte zu konstruieren. Bei den chinesischen Teilen kann man kein quadratisches Loch in Quadraten bilden.

Richard Reiss, Professor für Englisch an der Southeastern Massachusetts University, hat mir einen schönen Beweis geliefert, der zeigt, daß man aus allen sieben Teilen des chinesischen Tangrams kein vierseitiges konvexes Polygon außer dem Quadrat bilden kann.

Auf Peter van Note gehen die folgenden drei Aufgaben zurück, die alle darauf hinauslaufen, zwei kongruente Nachbildungen eines Tangramteiles zu legen:

1. Man kann mit den sieben Tangramteilen ein großes Quadrat bilden. Man verwendet die sieben Steine dazu, zwei kleine kongruente Quadrate zu erzeugen.

2. Ein großes gleichschenkliges, rechtwinkliges Dreieck ist möglich. Man legt mit den sieben Teilen zwei kleine kongruente gleichschenklig-rechtwinklige Dreiecke.
3. Auch eine große Raute läßt sich legen. Van Note konnte nicht beweisen, daß zwei kongruente Rhomben mit den sieben Teilen nicht zu legen sind. Allerdings ist er von der Richtigkeit dieser Vermutung überzeugt.

John H. Conway von der Universität Cambridge hat ein interessantes, bisher ungelöstes Problem formuliert: Wie müßten die Teile eines optimalen Tangramspieles aussehen? Dabei heißt ein Tangramspiel optimal, wenn sich mit seinen sieben Teilen, die alle konvexe Polyeder sein sollen, eine Maximalanzahl von verschiedenen konvexen Polyedern erzeugen lassen.

Die Abbildung 18 stammt aus dem wunderschönen Buch von Joost Elffer und Michael Schuyt. Diese Figur läßt sich mit den Teilen des chinesischen Tangrams erzeugen.

Karl Fulves, von dem zahlreiche Bücher über die Kunst des Zauberns stammen, hat den folgenden amüsanten Trick vorgeschlagen. Man braucht dazu das Tangramparadoxon, das unten in Abbildung 5 zu sehen ist. Insgeheim fügt man einem gewöhnlichen Satz von Tangramteilen noch ein drittes kleines Dreieck hinzu. Dann legt man das Männchen, so wie es rechts in der Abbildung zu sehen ist, aber mit Füßen, wobei man das zusätzliche Dreieck für die Füße verwendet. Nun läßt man mit einem Taschenspielertrick eines der kleinen Dreiecke verschwinden (man kann es beispielsweise in der Tasche verstecken). Schließlich legt man das Männchen mit dem Fuß ein zweites Mal, wobei man jetzt wie auf der linken Abbildung verfährt. Hat niemand die Teile vor Spielbeginn gezählt, so hat es jetzt den Anschein, als sei das verschwundene Teil auf mysteriöse Art wieder zurückgekehrt. Ähnliche Tricks lassen sich natürlich auch mit anderen Paaren von Paradoxa anstellen.

Einige Vorschläge gehen dahin, zwei Tangramspiele zu benutzen, um aus ihnen ein Brettspiel zu konstruieren, das dem Pentominospiel von W. Golomb ähnelt. Der Spieleerfinder Sidney Sackson empfiehlt ein 6 mal 6-Damebrett, dessen Felder die Größe des quadratischen Tangramteils haben sollen. Jeder der beiden Spieler verfügt über einen Satz von sieben Tans. Die Spieler legen abwechselnd ein beliebiges Teil auf das Brett. Dabei dürfen sie sich die Stelle, auf die

Abbildung 18: Figur aus Teilen des chinesischen Tangrams

sie das Teil legen, aussuchen, nur müssen die Ecken auf den Gitter-
punkten des Brettes liegen. Derjenige Spieler, der als erster kein Teil
mehr legen kann, hat verloren. Die Spielregeln lassen viele Abände-
rungen zu. Man kann auch größere Bretter benützen und mehr als
zwei Spieler beteiligen.

4
Die Rundreise der Pfeile und andere Rätsel

Die Rundreise der Pfeile   Um dieses neue Denkspiel spielen zu können, zeichnet man eine Art Schachbrett mit 4 mal 4 Kästchen. 16 Streichhölzer stellen Pfeile dar, deren Richtung der Zündkopf angibt. Ein Streichholz markiert man mit einem Punkt auf jeder Seite, sieben weitere mit zwei Punkten und die übrigen acht Streichhölzer mit drei Punkten auf jeder Seite. Wird das Streichholz mit dem einen Punkt in Nord-, Süd-, West- oder Ostrichtung gelegt, so besagt der eine Punkt, daß dieser Pfeil auf das unmittelbar benachbarte Feld in der entsprechenden Richtung gerichtet ist. Ein zweipunktiges Holz zeigt zwei Felder weiter, ein dreipunktiges drei Felder, immer in der durch den Pfeil bestimmten Richtung.

Sieben Hölzer lassen sich so anordnen, daß sich eine geschlossene Rundreise ergibt. Dazu beginnt man mit einem beliebigen Hölzchen, das man auf ein Feld legt. Pfeilrichtung und Punktzahl bestimmen den nächsten »Schritt«. Man verteilt die Streichhölzer so, daß man (nach sieben Schritten) zum Ausgangspunkt zurückkommt. Schwieriger ist es, alle sechzehn Hölzchen so zu verteilen (und zwar auf jedes Feld eins), daß sich eine Tour über das ganze Karree ergibt (bei der jedes Feld besetzt wird). Läßt man Spiegelungen und Drehungen außer acht, gibt es für dieses Problem zwei Lösungen.

Die längste mögliche Route errechnet sich aus: $1 + 2 \times 8 + 3 \times 7 = 38$. Sie ist auf dem Brett unter Verwendung beliebiger Kombinationen der angegebenen Pfeilarten möglich. Brian R. Barwell, ein britischer Ingenieur, der dieses Problem 1969 in der Oktobernummer des *Journal of Recreational Mathematics* gestellt hat, fand, daß nur noch eine weitere Rundreise maximaler Länge möglich ist. Barwell verwendet hierzu sechs Dreier- und zehn Zweierpfeile. Der Leser möge alle drei Lösungen suchen.

Die Pfeile sind eine Möglichkeit, den Weg maximaler Länge eines Turmes im Schachspiel darzustellen, die ihn genau einmal auf jedes

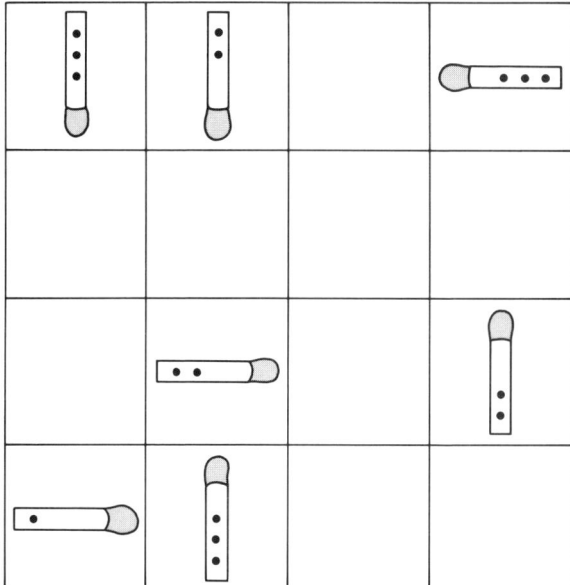

Abbildung 19: Eine Rundreise mit Pfeilen

Feld führt. (Das entsprechende Problem für die Dame ist weniger interessant auszurechnen, weil zu viele Lösungen möglich sind; ein Läufer dagegen kann weder zu seinem Ausgangsfeld zurückkehren, noch kann er alle Felder betreten, auch die Möglichkeiten eines Springers sind begrenzt.) Ein 2 mal 2-Feld ist trivial, auch ein 3 mal 3-Feld ist schnell erforscht, die maximale Länge dieser Rundreise beträgt 14. Soweit ich weiß, sind weder 5 mal 5 noch größere Felder bis jetzt untersucht worden.

Fünf Paare   Neulich gingen meine Frau und ich zu einer Party, auf der vier weitere Ehepaare anwesend waren. Man begrüßte sich mit Handschlag. Niemand gab sich selbst oder seinem Ehepartner die Hand. Niemand begrüßte jemanden zweimal. Nachdem das Händeschütteln vorüber war, fragte ich alle Anwesenden, auch meine Ehefrau, wie viele Hände sie geschüttelt hätten. Zu meiner Verblüffung nannte jeder eine andere Zahl. Wie viele Hände hatte meine

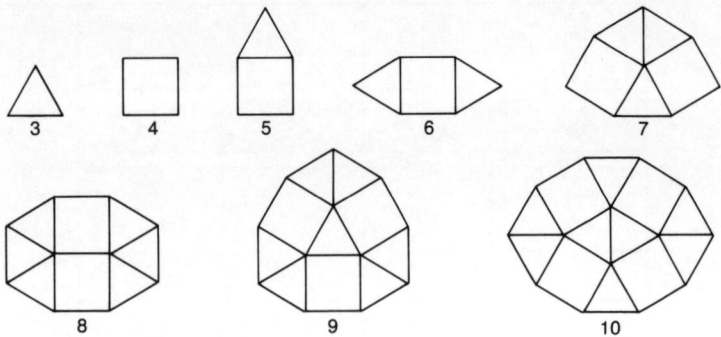

Abbildung 20: Konvexe Polygone mit 3 bis 10 Seiten

Frau geschüttelt? (Dieses Rätsel stammt von Lars Bertil Owe aus Lund in Schweden.)

Polygone aus Dreiecken und Quadraten Es müssen ausreichend viele Quadrate und Dreiecke aus Karton verfügbar sein, deren Seiten eine Einheitslänge haben. Mit diesen Teilen lassen sich leicht Polygone mit 3 bis 10 Seiten legen (vergl. Abb. 20). Läßt sich aus diesen Teilen auch ein Polygon mit 11 Seiten herstellen? Wie groß kann die Seitenzahl eines Polygons, das aus diesen Teilen zusammengesetzt wird, höchstens sein?

Zehn Aussagen Man bewerte die nachfolgenden zehn Sätze bezüglich ihrer Richtigkeit:
1. Genau eine Aussage in dieser Liste ist falsch.
2. Genau zwei Aussagen in dieser Liste sind falsch.
3. Genau drei Aussagen in dieser Liste sind falsch.
4. Genau vier Aussagen in dieser Liste sind falsch.
5. Genau fünf Aussagen in dieser Liste sind falsch.
6. Genau sechs Aussagen in dieser Liste sind falsch.
7. Genau sieben Aussagen in dieser Liste sind falsch.
8. Genau acht Aussagen in dieser Liste sind falsch.
9. Genau neun Aussagen in dieser Liste sind falsch.
10. Genau zehn Aussagen in dieser Liste sind falsch.

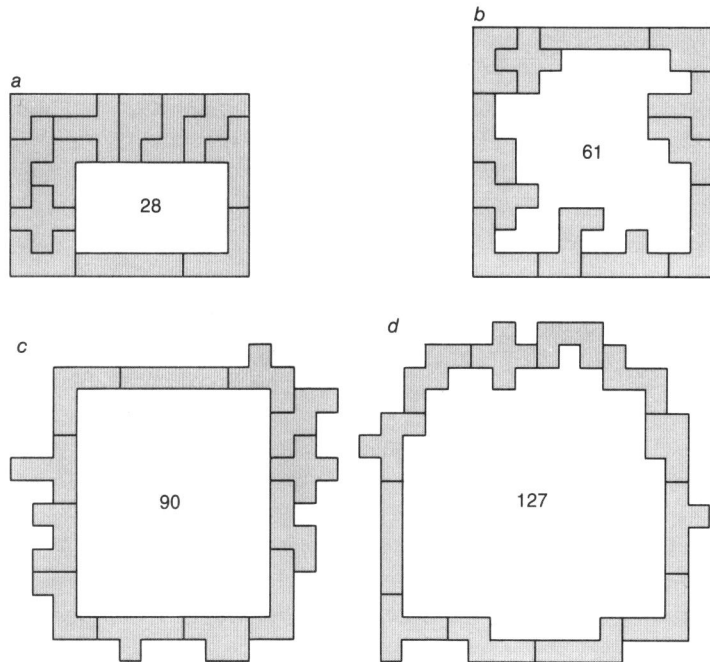

Abbildung 21: Zaunprobleme mit Pentominos

Bauernhöfe aus Pentominos   Victor G. Freser von der St. Louis Universität hat vier Fragestellungen zu Flächen maximalen Inhalts entwickelt, die jeweils 12 Pentominosteine erfordern. Drei davon sind bereits gelöst; an der vierten wird noch gearbeitet.

1. Es ist ein »rechteckiger« Zaun zu bilden, der eine rechteckige Fläche maximalen Inhaltes einschließt. Die Lösung ist der in Abbildung 21 a wiedergegebene 4 mal 7-Zaun.

2. Es ist ein »rechteckiger« Zaun zu bauen, der eine beliebige Fläche maximalen Inhaltes umschließt. Die maximale Lösung sind 61 Einheitsquadrate (vergl. Abb. 21 b).

3. Es ist ein Zaun beliebiger Form zu bauen, der ein rechteckiges Feld größtmöglicher Fläche einschließt. Die Lösung ist ein 9 mal 10-Feld (vergl. Abb. 21 c).

4. Es ist ein Zaun beliebiger Form zu errichten, der ein Feld beliebiger Form größten Inhalts einschließt. Wie auch in den drei

vorangegangenen Aufgaben muß der Zaun an jeder Stelle mindestens eine Einheit dick sein. Diese Aufgabe ist die schwierigste unter den vieren. In Abbildung 21 d findet man eine 127 Einheiten große Lösung. Diese hielt man für die maximale, bis der Informatiker Donald E. Knuth von der Stanford Universität vor kurzem 128 Einheiten schaffte. Dem Leser sei die schöne und schwierige Aufgabe überlassen, diese neue Lösung selbst zu finden.

Der unebene Boden Eine Küche hat einen unebenen Boden. Es gibt zwar keine »Stufen«, aber die zufälligen Krümmungen des Linoleums bewirken, daß immer ein Bein eines kleinen Tisches ohne Bodenkontakt bleibt. Ist es immer möglich, einen Platz zu finden, wo alle vier Füße auf dem Boden stehen können (natürlich ohne die Tischbeine schräg zu schneiden), und damit das Wackeln zu verhindern?

Oder kann ein Boden so gekrümmt sein, daß dies unmöglich ist? Dieses Problem läßt sich durch einen ebenso einfachen wie eleganten Beweis lösen.

Der Trick mit dem Zaun Der im folgenden beschriebene Zaubertrick stammt von dem chinesischen Zauberer Tan Hock Chuan, der in Singapur lebt. Er hat ihn in einem Brief an seinen Kollegen Johnnie Murray aus Portland (Maine) beschrieben, der ihn mir verraten hat.

Ein etwa 20 mal 12,5 cm großes Blatt weißes Papier (ein halber Schreibmaschinenbogen ist bestens geeignet) wird von einem Zuschauer so gekennzeichnet, daß es später wiederzuerkennen ist. Der Magier hält das Papier etwa dreißig Sekunden lang hinter seinem Rücken (oder auch unter einem Tisch) verdeckt. Wenn er es anschließend dem Publikum präsentiert, ist das Papier mit einem Gitternetz bedeckt, das eine gleichmäßige Parkettierung der Ebene durch Sechsecke liefert (vergl. Abb. 22). Was ist geschehen? In der Regel wird der Zauberer verdächtigt, er habe das Blatt gegen einen Zaun gedrückt. In Wirklichkeit aber braucht man für diesen Trick nichts anderes als seine Hände.

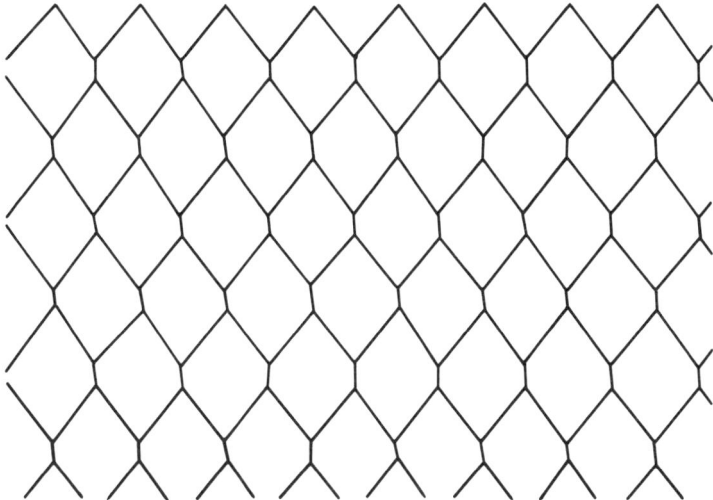

Abbildung 22: Ein Hühnerzaunmuster

Wo stand der König? Raymond Smullyan, ein Philosoph, Mathematiker und Logiker, hat das folgende Schachproblem konstruiert, als er 1957 Student an der Universität von Chicago gewesen ist. Er zeigte es seinem Freund William Browder, der heute ein berühmter Mathematikprofessor ist. Browder leitete es an seinen Vater Earl Browder weiter, einen leidenschaftlichen Schachspieler, der früher einmal Vorsitzender der Kommunistischen Partei der USA war. Der Vater sandte das Problem schließlich an den *Manchester Guardian*, der es, unachtsamerweise ohne den Namen Smullyans zu erwähnen, veröffentlichte. Erst in einer späteren Ausgabe wurde der Verfasser dann genannt. In späteren Nummern dieser Zeitung finden sich weitere Retroanalyseprobleme Smullyans.

Ein retroanalytisches Schachproblem läßt sich nur dadurch lösen, daß man die Züge rekonstruiert, die der abgebildeten Situation vorausgegangen sind. In Abbildung 23 ist die Position einer regulären Schachpartie zu sehen. Der weiße König ist soeben geschlagen worden und vom Brett verschwunden. Wo stand der weiße König? Welches war der letzte Zug von Weiß?

Abbildung 23: Wo stand der weiße König?

Polypotenzen Der Wert eines Stapels von Exponenten wie beispielsweise

$$2^{2^{2^{2^2}}}$$

wird vereinbarungsgemäß ermittelt, indem man ganz oben anfängt und sich von dort nach unten vorarbeitet. Das höchste Paar ergibt 4, dann folgt $2^4 = 16$ und schließlich $2^{16} = 65\,536$. Was ist $2^{65\,536}$? Vor einigen Jahren hat mir Gottfried W. Hoffmann aus der Bundesrepublik einen Computerausdruck dieser Zahl geschickt, der mit der Ziffernfolge 20 035 beginnt und insgesamt 19 729 Ziffern hat. Fügt man dem obigen Stapel eine weitere 2 hinzu, so ergibt sich eine Zahl, die nicht zu berechnen ist. Ihre Berechnung würde nämlich – darauf hat Hoffmann hingewiesen – eine Rechenzeit erfordern, die dem Alter des Universums gleichkommt. Ein kleiner Stapel mit nur drei 9ern ergibt $9^{387\,420\,489}$. Das ist eine Zahl mit mehr als 360 Millionen Stellen.

S. Skewes hat 1933 eine Arbeit veröffentlicht, in der er den folgenden Satz bewies: Bezeichnet $\pi(x)$ die Anzahl der Primzahlen, die kleiner als x sind, und ist li(x) der Integrallogarithmus (das ist die Stammfunktion von 1/log.x), so gibt es einige x, die kleiner als

$$10^{10^{10^{10^{34}}}}$$

sind, mit der Eigenschaft, daß die Differenz $\pi(x)$-li(x) positiv ist. Diese Zahl ist vermutlich die größte Zahl, die in einem nichttrivialen Satz bisher eine Rolle gespielt hat.

Aristid V. Grosse, in den 40er Jahren einer der Pioniere der Atomchemie an der Columbia Universität, begann 1971 Exponentenstapel, die aus lauter identischen Zahlen bestehen, zu studieren. Dabei berechnete er sie entgegengesetzt zur konventionellen Richtung (up) und untersuchte die Relationen zwischen seinen Ergebnissen und den in üblicher Richtung (down) errechneten Resultaten. Beide Arten von Stapeln taufte er »Polypotenzen«. Stapel aus zwei x'en heißen »Dipotenzen«, aus drei x'en »Tripotenzen« und so weiter (man verwendet die dem Griechischen entlehnten Vorsilben). Die x können rational oder irrational, transzendent, komplex oder auch rein imaginär sein. In den meisten Fällen sind die Polypotenzen einwertig, stetig und differenzierbar. Weil jede Polypotenz von 1 wieder 1 ergibt, schneiden sich die Graphen von allen diesen Funktionen (sowie diejenigen ihrer Ableitungen) alle im Punkt $(1,1)$. Ihre Werte an der Stelle $x = 0$ ergeben sich als Grenzwerte, wenn x gegen 0 geht. Die Aufzeichnungen von Grosse, die bereits mehrere Bände füllen, führen in einen üppigen Dschungel ungewöhnlicher Theoreme. Auch neue Klassen von Zahlen kommen in ihnen vor.

»Up«- und »down«-gerechnete Dipotenzen führen offensichtlich zu demselben Ergebnis. Für alle anderen Polypotenzen aber ergeben die beiden Richtungen verschiedene Resultate. So ergibt beispielsweise der Stapel mit drei 9ern, wenn er aufwärts berechnet wird, im Unterschied zu oben nur eine Zahl mit 77 Stellen (nämlich $387\,420\,489^9$, A. d. Ü.). Mit Ausnahme der 2er Stapel folgt auf die reine Aufwärtsrechnung immer das kleinstmögliche Resultat, wohingegen die reine Abwärtsrechnung zum größtmöglichen Ergebnis führt. Im folgenden zeigen die Pfeile an, ob das in reiner Aufwärtsrechnung gefundene Maximum oder das in reiner Abwärtsrechnung gefundene Minimum gemeint ist.

Was geschieht, wenn man »up«- und »down«-Stapel unterschiedlicher Länge gleichsetzt? Soll ein »up«-Stapel mit drei x gleich einem »down«-Stapel mit drei x sein, so muß $x = 2$ sein (den trivialen Fall $x = 1$ wollen wir beiseite lassen). Jedes zusätzliche x im »up«-Stapel vergrößert den Wert der Lösung x um 1. Sollen drei x in der »down«-Richtung gleich vier x in der »up«-Richtung sein, so muß $x = 3$ sein; drei x »down« gleich fünf x »up« liefert $x = 4$ und so weiter.

Zur Einführung in die Polypotenzen möge der Leser die folgenden drei Gleichungen lösen, die eine Reihe von Gleichungen mit abwärts gerichteten Tetrapotenzen auf der linken Seite einleiten.

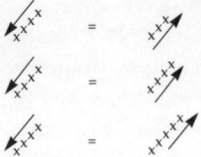

Vielleicht findet der Leser Freude daran, Stapel zu betrachten, in denen x als rationale Zahl oder als Kehrwert oder in noch exotischeren Formen auftritt. Von Grosse stammt der Begriff der perfekten Polypotenz: Diese liegt vor, wenn xx-mal in die x-te Potenz erhoben wird (»up« oder »down« – wie man will). Beispiel: π π-mal hoch π ergibt rund 588 916 326). Die Umkehrung der Polypotenzoperation heißt nach Grosse Polywurzel. Trotz einiger Bemühungen konnten weder Grosse noch ich Arbeiten finden, die diese Begriffsbildung untersuchen.

Antworten:

Die Rundreise der Pfeile Die drei Möglichkeiten, eine Pfeilrundreise auf einem 4 mal 4-Feld zu bilden, zeigt Abbildung 24.
Edward N. Peters von der medizinischen Fakultät der Universität Rochester hat ein allgemeines Verfahren entdeckt, wie man Turmrundreisen maximaler Länge auf Karrees mit beliebiger Abmessung konstruieren kann. Man findet es in seiner Arbeit »Rooks Roaming Round Regular Rectangles« (*Journal of Recreational Mathematics*, Bd. 6, 1973, S. 169–173).
Frederick Hartmann aus Kalifornien hat nicht-quadratische Bretter untersucht. Soweit ich weiß, sind seine Ergebnisse unveröffentlicht. Hat das Brett die Abmessungen n mal 1, so reduziert sich das Problem auf die sogenannte »schlechteste Route«, wie es sich einem Briefträger stellt, der die Post in n Häusern zustellen soll, die in einer Reihe stehen (man vergleiche meine Sammlung *Sixth Book of Mathematical Games from Scientific American*, W. H. Freeman, 1971, Kap. 73). Turmrundreisen maximaler Länge auf diesem linearen Brett sind eindeutig für Werte von n zwischen 1 und 4. Danach wächst ihre

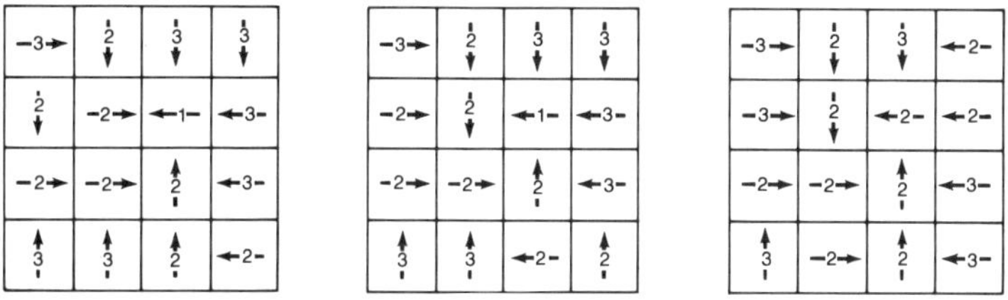

Abbildung 24: Lösungen zum Problem der Pfeilrundreisen

Anzahl kontinuierlich mit n an. So gibt es beispielsweise für $n = 7$ schon 18 solcher Rundreisen.

Hartmann führt einen Algorithmus vor, mit dessen Hilfe man mindestens eine maximale Rundreise auf jedem Brett konstruieren kann. Es seien m und n die Abmessungen des Brettes, wobei wir m größer/gleich n voraussetzen dürfen. Die Zahl C wird gemäß der Tabelle in Abbildung 25 bestimmt. Dann lautet die Formel für die Länge der Rundreise

$$\frac{n(3m^2 + n^2 - 10)}{6} + C$$

Ist das Brett quadratisch (also $m = n$), so reduziert sich diese Formel auf die folgende:

$$\frac{2n^3 - 5n}{3} + C$$

wobei $C = 1$ für ungerades n und $C = 2$ für gerades n.
Die Tabelle in Abbildung 26 stammt von Hartmann. Sie gibt die maximale Länge für Turmrundreisen in Abhängigkeit von m und n für alle Werte kleiner/gleich 12 an.

m	n	$[n/2]$	C
gerade	gerade	—	2
ungerade	ungerade	—	1
gerade	ungerade	gerade	3/2
gerade	ungerade	ungerade	1/2
ungerade	gerade	gerade	0
ungerade	gerade	ungerade	1

$[n/2]$ bezeichnet die größte ganze Zahl, die kleiner oder gleich $n/2$ ist (»Gaußsche Klammerfunktion«)

Abbildung 25: Tabelle für die Werte von C

m \ n	2	3	4	5	6	7	8	9	10	11	12
1	2	4	8	12	18	24	32	40	50	60	72
2	4	8	16	24	36	48	64	80	100	120	144
3		14	26	38	56	74	98	122	152	182	218
4			38	54	78	102	134	166	206	246	290
5				76	104	136	174	216	264	316	374
6					136	174	220	270	328	390	460
7						218	270	330	396	470	550
8							330	396	474	556	650
9								472	558	652	756
10									652	756	872
11										870	996
12											1,134

Abbildung 26: Die maximalen Längen für Turmrundreisen auf einem
m × n-Brett von (1,2) bis (12,12)

Fünf Paare   Unter den fünf Ehepaaren gibt es niemanden, der mehr als acht Hände schüttelt. Demnach müssen, da von den neun Leuten jeder eine andere Anzahl von Händen schüttelt, diese Anzahlen gleich 0, 1, 2, 3, 4, 5, 6, 7 und 8 sein. Die Person, die acht Hände schüttelt, muß mit derjenigen verheiratet sein, die keine Hand geschüttelt hat (denn andernfalls hätte diese Person nur sieben Hände schütteln können). Aus demselben Grund muß die Person, die sieben Hände schüttelte, verheiratet sein mit der Person, die nur eine Hand geschüttelt hat (und zwar hat letztere die Hand derjenigen Person geschüttelt, die mit acht Personen einen Händedruck ausgetauscht hat). Die Person, die sechsmal eine Hand geschüttelt hat, ist verheiratet mit der Person, die zwei Hände geschüttelt hat. Schließlich ist die Person, die fünf Hände geschüttelt hat, verheiratet mit der Person, die drei Hände geschüttelt hat. Die einzige Person, die übrigbleibt, ist meine Frau. Sie gab vier Gästen die Hand.
Die obige Überlegung, die das vertraute Schubfächerprinzip verwendet, läßt sich mit Hilfe eines Diagrammes übersichtlicher gestalten

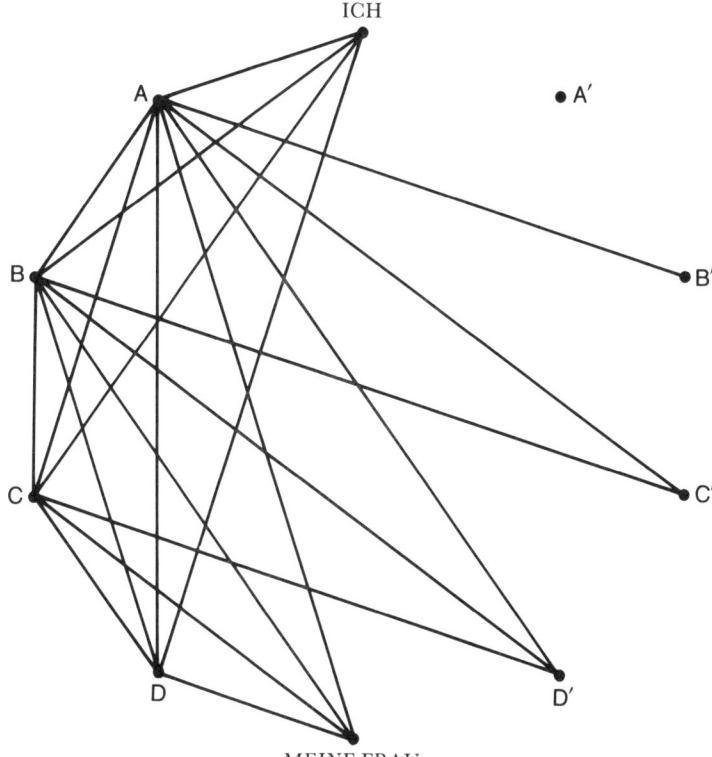

ICH

A   • A′

B   • B′

C   • C′

D   D′

MEINE FRAU
Abbildung 27: Die Lösung zum Problem des Händeschüttelns

(vergl. Abb. 27). Jeder schleifenfreie Graph, der keine Mehrfachkan-
ten* aufweist, muß mindestens zwei Ecken enthalten, deren Ecken-
ordnung** übereinstimmt. Im vorliegenden Fall hat der Graph
genau zwei solcher Punkte – nämlich diejenigen, die mich und meine
Frau darstellen.

* damit sind zwei oder mehr Kanten gemeint, die dieselben Ecken miteinander verbinden.
A. d. Ü.
** das ist diejenige Anzahl der Kanten, die in dieser Ecke enden (oder beginnen, was hier das
gleiche ist). A. d. Ü.

67

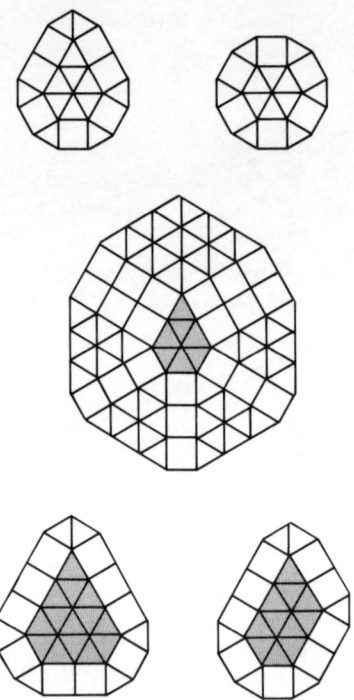

Abbildung 28: Konvexe Polygone mit elf und zwölf Seiten und drei Polygone mit elf Seiten

Polygone aus Dreiecken und Quadraten   Ein elfseitiges konvexes Polygon läßt sich aus Einheitsquadraten und gleichseitigen Dreiecken der Kantenlänge 1 gemäß Abbildung 28 (oben links) zusammensetzen. Die Winkel, die ein mit diesen Steinen zusammengesetztes Polygon haben kann, betragen 60, 90, 120 und 150 Grad. Bei einem Polygon mit maximaler Seitenzahl muß jeder Winkel 150° haben. Die Anzahl der Seiten beträgt dann 12. In der Abbildung 28 sieht man oben rechts das kleinste Beispiel.

Mehrere Leser haben geschrieben, daß sich ein elfseitiges Polygon nicht aus Quadraten und gleichseitigen Dreiecken mit Einheitsseiten zusammensetzen läßt. Der Fehler in ihrer Überlegung war der, daß sie übersahen, daß die Seite des Polygons länger als eine Einheit sein darf.

68

Wade Philpott hat darauf hingewiesen, daß jedes konvexe Fünfeck, das aus gleichseitigen Dreiecken besteht, als Kern für ein elfseitiges Polygon verwandt werden kann. Man fügt einfach an jedes Dreieck ein Einheitsquadrat an und vervollständigt den Umfang durch sechs Dreiecke. Die von mir angegebene Lösung liefert unendlich viele elfseitige Polygone, wie man der mittleren Zeichnung in Abbildung 28 entnehmen kann. Ganz unten in dieser Abbildung sind zwei Beispiele zu sehen, deren Fünfecke im Innern verschieden sind. Das Problem wurde von Joseph Malkewitch im *Mathematical Magazine* gestellt und von Michael Goldberg in der Maiausgabe 1969 (S. 158) beantwortet.

Zehn Aussagen   Nur die neunte Aussage ist wahr. David L. Silberman hat dieses Problem im *Journal of Recreational Mathematics* im Januar 1969 auf Seite 29 vorgestellt; Underwood Dudley gab in der Oktoberausgabe auf Seite 231 folgende Antwort darauf:»Höchstens eine Aussage kann wahr sein, denn die Aussagen widersprechen einander paarweise. Alle Aussagen können nicht falsch sein. Daraus würde nämlich folgen, daß die Liste keine einzige falsche Aussage enthalten würde. Also kann nur genau eine Aussage wahr sein. Deshalb sind genau n-1 Aussagen falsch und die (n-1)te Aussage ist wahr.«

Alan Brown hat darauf hingewiesen, daß sich eine eindeutige Lösung ergibt, wenn man in diesem logischen Problem in jeder der 10 Aussagen das Wort »genau« streicht. Dann sind die ersten fünf Aussagen wahr und die letzten fünf falsch.

Das Problem läßt sich offensichtlich auf mehr Aussagen erweitern, die man der Liste hinzufügt. Was aber geschieht, wenn man die Liste auf eine Aussage verkürzt?

1. Genau eine Aussage in dieser Liste ist falsch.

Wie Norman Pos bemerkt hat, reduziert sich das Problem in diesem Fall auf das traditionelle Lügnerparadoxon:»Dieser Satz ist falsch.« Um dieses Paradoxon zu vermeiden, hat Pos eine nullte Aussage an den Beginn der Liste gesetzt:

0. Genau keine der Aussagen dieser Liste ist falsch.

Zu seinem Erstaunen mußte Pos feststellen, daß diese Änderung die wahre Aussage von der Position *n*-1 in die Position *n* verschiebt. Im Falle von 1000 Aussagen verschiebt also das Hinzufügen der nullten Aussage die wahre Aussage von der vorletzten auf die letzte Stelle – ein amüsantes Beispiel für eine syntaktische »Wirkung in die Ferne«.

Bauernhöfe aus Pentominos   Die Abbildung 29 zeigt eine Lösung des Bauernhofproblems mit 128 Einheitsquadraten. Ich habe jetzt erfahren, daß dieses Problem von R.J. French stammt, der es in *The Fairy Chess Review* (Bd. 4, 1939, S. 43) gestellt hat. French behauptete nur, daß die Fläche größer als 120 Einheiten sei. Ich konnte nicht herausfinden, ob das Problem in einer der nachfolgenden Ausgaben gelöst wurde. Nachdem ich Knuths Lösung mit 128 Einheiten veröffentlicht hatte, sandte mir Yoichi Kotani einen Beweis, daß 128 tatsächlich die größte erreichbare Zahl ist. Er fügte 1440 Lösungen bei. 1978 publizierte Takakazu Shimauchi in japanischer Sprache einen Beweis, daß 128 maximal ist (*Sugaka Seminar*, März 1978). Beiträge zu diesem Pentomino-Bauernhof-Problem findet man im *Journal of Recreational Mathematics* im Januarheft 1968 (S. 55–61), im Oktoberheft 1968 (S. 234–235), im Juliheft 1969 (S. 187–188) und im Band 17 (Nr. 1, 1984–1985, S. 75–77). Erlaubt man, daß sich die 12 Steine nur mit den Ecken berühren, und verlangt, daß die Kanten horizontal und vertikal verlaufen, so umfaßt die größte bekannte Lösung 160 Einheiten. Läßt man auch andere Richtungen für die äußeren Steine zu, so wächst die Fläche geringfügig auf 161 an.

Der unebene Boden   Man kann einen Tisch mit vier Beinen auf einem gekrümmten Boden immer so aufstellen, daß er mit vier Beinen auf dem Boden steht. Angenommen, die Beine A, B und C befinden sich auf dem Boden, während D in der Luft schwebt (vergl. Abb. 30). Drei Beine können immer auf dem Boden stehen, denn drei Punkte legen überall im Raum ein ebenes Dreieck fest. Nun dreht man den Tisch um seinen Mittelpunkt um 90° und hält dabei A und B auf dem Boden. Dies bringt ihn in eine Lage, in der C das einzige Bein ist, das in der Luft steht.

70

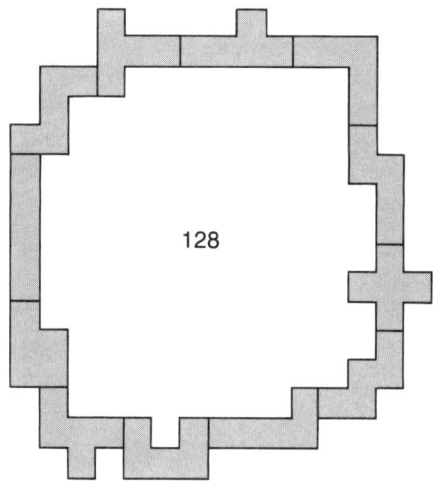

Abbildung 29: Der größte Bauernhof aus Pentominos

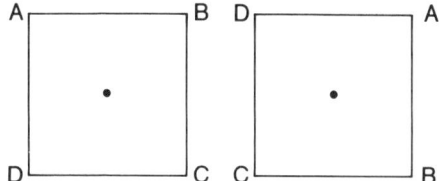

Abbildung 30: Der Beweis zum Problem des wackligen Tisches

Während der Drehung ist D auf dem Boden angelangt, während C ihn verlassen hat. Aber D muß den Boden schon berührt haben, bevor C ihn verlassen hat. Andernfalls gäbe es eine Position, in der nur A und B den Boden berühren würden. Wir wissen aber, daß immer drei Beine auf dem Boden sein müssen. Also müssen zu irgendeinem Zeitpunkt während dieser Drehung alle vier Beine den Boden berührt haben. Ein ähnliches Argument läßt sich auf wacklige rechteckige Tische anwenden, wenn man sie um 180° dreht.

Viele Leser haben auf zwei stillschweigende Voraussetzungen hinge-wiesen, von denen die Gültigkeit dieses Beweises abhängt:
1. Der Tisch hat wie alle gewöhnlichen Tische vier gleichlange Beine, die sich an den Ecken eines Quadrates befinden.

71

2. Die Beine des Tisches müssen ausreichend lang sein und die Krümmung des Bodens entsprechend geringfügig. Nur dann gibt es während der Drehung des Tisches keinen Zeitpunkt, zu dem weniger als drei Beine den Boden berühren.

Dieses Theorem ist tatsächlich nützlich. Angenommen, man besitzt einen runden Tisch mit vier Beinen, der wackelt, wenn man ihn auf die Veranda stellt. Stört es einen nicht, wenn die Fläche des Tisches etwas geneigt ist, dreht man den Tisch einfach in eine stabile Position. Muß man sich auf einen Stuhl mit vier Beinen stellen, um eine Glühbirne auszuwechseln, und ist der Boden uneben, so kann man den Stuhl immer in eine stabile Lage drehen.

Der Trick mit dem Hühnerzaun Will man das Muster eines Hühnerzaunes auf ein kleines Stück Papier zaubern, muß man zuerst das Blatt so zusammenrollen, daß eine Röhre von ungefähr einem Zentimeter Durchmesser entsteht. Mit dem Daumen und dem Zeigefinger der linken Hand drückt man das eine Ende der Röhre platt. Während man den Druck mit der linken Hand aufrechterhält, preßt man die Röhre möglichst nah am ersten Kniff nochmals zusammen und legt den zweiten Kniff dann rechtwinklig zum ersten. Man muß fest mit beiden Händen andrücken und gleichzeitig die beiden Kniffe ein wenig gegeneinanderschieben, damit die Kanten so scharf wie möglich werden. Nun verweilt die rechte Hand in ihrer Stellung, während die linke einen dritten Kniff neben den zweiten setzt. Der dritte muß senkrecht zum zweiten verlaufen. In dieser Weise fährt man fort. Die Hände bewegen sich abwechselnd entlang der Röhre bis zum Ende. (Kinder machen so etwas oft mit Strohhalmen, um »Ketten« herzustellen.) Dann entrollt man das Papier. Man sieht jetzt das sechseckige Muster, das so verblüffend ist, daß es bestimmt viele nachmachen werden.

John H. Coker hat mir geschrieben, daß ein jugoslawischer Lehrer, den er als Kind Anfang der 30er Jahre hatte, seine Mitteilungen an die anderen Lehrer in der angegebenen Weise rollte und faltete. Weil es außerordentlich schwierig ist, eine solchermaßen behandelte Röhre zu entrollen und sie anschließend wieder auf exakt dieselbe Art zusammenzurollen, bildete sie einen Schutz vor den neugierigen Augen der Kinder, die die Nachricht überbringen sollten.

Wo stand der König Man stellt die Figuren gemäß Abbildung 31
auf und führt dann die folgenden Züge aus:

Abbildung 31: Ein retroanalytisches Schachproblem

Weiß	Schwarz
1.	Lf3–d5 +
2. c2–c4	b4 × c3 + +
	en passant
3. Kb3 × c3 +	. . . .

Entfernt man nun den weißen König, sieht man die genaue Problemstellung.
Neben Sammlungen philosophischer Essays und logischer Probleme
hat Raymond Smullyan zwei Sammlungen wunderschöner Schach-
probleme veröffentlicht: *The Chess Mysteries of Sherlock Holmes* (Knopf,
1979) und *The Chess. Mysteries of the Arabian Knights* (Knopf, 1981).

Polypotenzen Der entscheidende Trick, mit dem man die drei
Polypotenzgleichungen vereinfachen kann, ist das Grundgesetz der
Exponentiation.

$$(a^b)^c = a^{(b \times c)}$$

Wendet man es auf die erste Gleichung an, so erhält man:

$$x^{(x^{x^x})} = (x^x)^{x}$$

$$x^{(x^{x^x})} = x^{(x^2)}$$

Die Basen auf beiden Seiten – nämlich x – stimmen überein. Also müssen die eingeklammerten Exponenten gleich sein. Streicht man die Basen, so kann man denselben Vorgang wiederholen:

$$x^{(x^x)} = x^2$$

Die Basen fallen wieder weg, und es bleibt die Gleichung $x^x = 2$ übrig. Diese ergibt für x den ungefähren Wert 1,55961.

Die gleiche Vorgehensweise erlaubt es, die zweite Gleichung (»down«-4 ist gleich »up«-4) zu $x^x = 3$ zu vereinfachen, was für x ungefähr 1,82545 ergibt. In jeder der nachfolgenden Gleichungen erhöht sich der Wert von x^x um 1. Die vierte Gleichung reduziert sich auf $x^x = 4$ oder $x = 2$.

Das allgemeine Verfahren besteht darin, den Aufwärtsstapel durch die Anzahl der x, die in diesem Stapel auftreten, minus eins zu ersetzen und gleichzeitig zwei x aus der Abwärtsleiter zu entfernen. (Beispiel:»down«-5 = »up«-5 führt zu»down«-3 gleich 4).

Die Leserpost zu den Polypotenzen war ungewöhnlich umfangreich und brachte zahlreiche interessante Fragen. In einigen Zuschriften wurde darauf hingewiesen, daß man die Stapel auf verschiedene Weisen klammern könne. Die Anzahl aller möglichen Klammerungen wird von der sogenannten Catalan-Zahl gegeben. Allerdings führen nicht alle Klammerungen zu verschiedenen Werten des Stapels. Die Anzahl der verschiedenen Werte zu bestimmen ist schwierig, ich kenne keine Lösung.

Viele Leser machten auf ungewöhnliche und nur wenig bekannte Sätze über unendliche Exponentenstapel aufmerksam. So betrachte man beispielsweise einen Stapel aus lauter x'en, der ins Unendliche wächst. Ich hätte nun angenommen, daß – falls x größer als 1 ist – der Wert des Stapels mit dem Stapel selbst ins Unendliche wachsen würde. Das ist nicht zutreffend. Ist x eine ganze Zahl*, so divergiert

---

* Läßt man negative Werte für x zu, so werden die Verhältnisse – sieht man von dem einfachen Sonderfall $x = -1$ einmal ab – äußerst kompliziert, da komplexe Zahlen auftreten können. (A. d. Ü.)

der Wert des Stapels nur, falls x größer als $e^{1/e} \approx 1{,}4446$ ist. Ist x eine reelle Zahl, so konvergiert der Wert, falls x größer oder gleich $e^{-e} \approx 0{,}0659$ und kleiner oder gleich $e^{1/e}$ ist.

Mit dem obigen Satz hängt ein bezauberndes Paradoxon zusammen. Angenommen, ein unendlicher Stapel von x'en hat den Wert 2. Was ist dann der entsprechende Wert von x? Weil auch alle x im Stapel oberhalb einer beliebigen Stelle – angefangen beim zweiten – einen unendlichen Stapel bilden, können wir annehmen, daß auch dieser Stapel den Wert 2 hat. Substituieren wir 2 für diesen Stapel, so erhalten wir die Gleichung $x^2 = 2$ und damit $x = \sqrt{2}$. Nun wenden wir denselben Trick auf einen unendlichen Stapel von x'en an, der 4 ergeben soll. Das führt dann auf $x^4 = 4$, also wieder auf $x = \sqrt{2}$. Wie kann ein und dieselbe unendliche Leiter gegen zwei verschiedene Zahlen konvergieren? In der Tat kann ein unendlicher Stapel aus lauter $\sqrt{2}$ nicht gegen 4 konvergieren, weshalb die Anwendung des Tricks in diesem Falle unzulässig sein muß. Der exakte Nachweis hierfür ist schwierig. Eine Erklärung findet man in »A Matter of Definition« von M. C. Michelmore in *American Mathematical Monthly* (Bd. 81, 1974, S. 643–647).

Eine umfassende Diskussion unendlicher Stapel findet man in den Artikeln »Infinite Exponentials« von D. F. Barrow in *American Mathematical Monthly* (Bd. 43, 1936, S. 150–160), »Eponentials Reiterated« von R. A. Knoebel in derselben Zeitschrift (Bd. 88, 1981, S. 235–252) und »Infinite Exponentials« von P. J. Rippon in der *Mathematical Gazette* (Bd. 67, 1983, S. 189–196). Knoebel gibt ein ausführliches Literaturverzeichnis zu diesem Thema an.

Vielleicht sind ein paar Anmerkungen zum Thema große Zahlen interessant. Ich habe bereits erwähnt, daß die größte Zahl, die man in gängiger Notation ohne Zuhilfenahme von anderen Symbolen als drei Ziffern schreiben kann, 9^{9^9} ist. Im vorletzten Kapitel des *Ulysses* von James Joyce stellt sich heraus, daß Leopold Bloom von dieser Zahl fasziniert war; ein ganzer Abschnitt beschreibt die Größe dieser Zahl.

Eine unterhaltsame Darstellung dieses Problemkreises gibt der Aufsatz »Skewered« von Isaac Asimov in der Zeitschrift *Fantasy and Science Fiction* vom November 1974. Skewes stellte seine Berechnungen auf Anregung von Y. E. Littlewood an, der 1953 darüber im Kapitel »Large Numbers« seines Buches *A Mathematician's Miscellany* (Methuen) berichtete.

Selbst die zweite Zahl von Skewes ist noch sehr klein; sie ist keineswegs die größte Zahl, die jemals in einem ordentlichen Beweis aufgetreten ist. Gegenwärtig hält Ronald L. Graham von den »Bell Laboratories« den Rekord. Grahams Zahl tauchte im Zusammenhang mit einem Problem eines Teilgebietes der Graphentheorie auf, das Ramsey-Theorie genannt wird (man vergleiche meine Kolumne im Novemberheft 1972 von *Scientific American*). Diese Zahl läßt sich nur in der speziellen Notation kompakt darstellen, die Donald E. Knuth eigens erfunden hat, um mit derartig unhandlich großen Zahlen umgehen zu können.

5

Nichttransitive Paradoxa

Ich verfüge gerade über soviel Logik,
daß ich einzusehen vermag,
daß ich nicht zugleich zu gut für Dich sein kann
und Du zu gut für mich.

Elizabeth Barrett
in einem Brief an Robert Browning

Folgt für eine Relation R aus xRy und yRz immer xRz, so nennt man die Relation R transitiv. So ist beispielsweise »kleiner als« eine transitive Relation auf der Menge der reellen Zahlen: Ist 2 kleiner als π und ist $\sqrt{3}$ kleiner als 2, so dürfen wir sicher sein, daß $\sqrt{3}$ kleiner als π ist. Auch die Gleichheit ist transitiv: Gilt $a = b$ und $b = c$, so auch $a = c$. Im alltäglichen Leben begegnen uns transitive Relationen wie »früher als«, »schwerer als«, »größer als« und »inmitten von«. Es gibt Hunderte von diesen Relationen.

Es ist nicht schwer, sich eine Relation vorzustellen, die nichttransitiv ist. Ist A der Vater von B und B der Vater von C, so folgt daraus nicht, daß A Vater von C ist. Liebt A die Person B und B die Person C, so braucht A die Person C noch lange nicht zu lieben. In den geläufigen Spielen sind transitive Regeln häufig anzutreffen. (Wenn beim Pokern das Blatt A Blatt B schlägt und B weiter C schlägt, so schlägt auch A das Blatt C.) Allerdings gibt es auch einige Spiele mit nichttransitiven (sogenannten intransitiven) Regeln. Ein Beispiel ist »Schnick, Schnack, Schnuck«: Ein Spieler zählt bis drei, dann macht jeder Mitspieler entweder eine Faust, die Stein bedeutet, streckt zwei Finger aus (für Schere) oder zeigt die flache Hand (für Papier). Stein zertrümmert Schere und gewinnt ebenso wie die Schere, die Papier zerschneidet und Papier, das den Stein umhüllt. In diesem Spiel ist die Gewinnrelation intransitiv.

Gelegentlich passiert es in der Mathematik, besonders im Bereich der Wahrscheinlichkeits- und Entscheidungstheorie, daß man auf eine Relation stößt, von der man fälschlich annimmt, sie sei transitiv. Widerspricht die Intransitivität so sehr den intuitiven Erwartungen, daß sie uns verblüfft, hat man es mit einem intransitiven Paradoxon zu tun. Das älteste und bekannteste Paradoxon dieser Art behandelt Abstimmungen. Es wird gelegentlich das Arrow-Paradoxon genannt (nach Kenneth J. Arrow), weil es eine zentrale Rolle im sogenannten Unmöglichkeitsbeweis von Arrow spielt, für den er (gemeinsam mit Kollegen) 1972 den Nobelpreis erhielt. In seinem Buch *Social Choice and Individual Values* zählt Arrow fünf Bedingungen auf, die als unverzichtbar für eine Demokratie angesehen werden, in der soziale Entscheidungen auf den Vorlieben der Individuen beruhen, die durch Abstimmungen zum Ausdruck gebracht werden. Arrow hat bewiesen, daß diese fünf Bedingungen logisch gesehen inkonsistent sind. Es ist unmöglich, ein Abstimmungssystem zu entwickeln, das niemals eine der fünf Bedingungen verletzt. Kurz gesagt: Ein perfektes demokratisches Abstimmungssystem gibt es aus prinzipiellen Gründen nicht.

Paul A. Samuelson hat diesen Zusammenhang so formuliert: »Die Suche der großen Denker unserer Geschichte nach der perfekten Demokratie erweist sich als Suche nach einem logischen Widerspruch ... Wissenschaftler auf der ganzen Welt – unter ihnen Mathematiker, Politologen, Philosophen und Ökonomen – versuchen nach dieser vernichtenden Entdeckung zu retten, was noch zu retten ist. In den Auswirkungen auf die mathematische Politologie ist Arrows These vergleichbar mit dem Effekt, den der Gödelsche Unvollständigkeitssatz auf die mathematische Logik gehabt hat.«

Wir wollen uns nun dem Abstimmungsparadoxon zuwenden. Hierzu machen wir uns am besten zuerst einen fundamentalen Mangel unseres gebräuchlichen Wahlsystems* klar. Dieses verhilft mit schöner Regelmäßigkeit einem Mann zu Amt und Würden, den die Mehrheit aus tiefstem Herzen ablehnt, den aber eine enthusiastische Minderheit befürwortet. Angenommen, 40 Prozent der Wähler sind begeisterte Anhänger des Kandidaten *A*. Die Opposition gegen *A* zerfällt in 30 Prozent für *B* und 30 Prozent für *C*. Dann wird *A* gewählt, obwohl 60 Prozent der Wähler gegen ihn sind.

---

* Wahl und Abstimmung sind hier zwei Aspekte ein und derselben Sache. (A. d. Ü.)

Ein gebräuchlicher Vorschlag, der solche Konsequenzen der Stimmenaufsplitterung vermeiden möchte, besteht darin, daß jeder Wähler alle Kandidaten in der Reihenfolge, wie er sie bevorzugt, aufschreiben darf. Unglücklicherweise können sich auch bei diesem System unvernünftige Entscheidungen einstellen. Die Matrix links in Abbildung 32 zeigt das berüchtigte Wahlparadoxon in seiner einfachsten Form. Die oberste Zeile gibt an, daß ein Drittel der Wähler die Kandidaten in der Reihenfolge A, B und C anordnet: A wird B vorgezogen und B dem Kandidaten C. Die zweite Zeile zeigt, daß ein weiteres Drittel die Kandidaten in der Reihenfolge BCA bevorzugt, während ein letztes Drittel sie in der Abfolge CAB wählt (dritte Zeile). Betrachtet man die Matrix genau, so stellt man fest, daß sich, faßt man die Kandidaten paarweise zusammen, die Intransitivität zu rühren beginnt. Zwei Drittel der Wähler ziehen A dem Kandiaten B vor, zwei Drittel bevorzugen B gegenüber C und weitere zwei Drittel finden C besser als A. Würde A gegen B antreten, so würde A gewinnen, kämpft B gegen C, so behält B die Oberhand, und ist zwischen C und A zu wählen, so siegt C. Denkt man sich anstelle der Buchstaben Personen, so kann man leicht einsehen, wie eine Regierungspartei eine Wahl beeinflussen kann, einfach indem sie entscheidet, welche Kandidatenpaare als erste ins Rennen gehen.

Das geschilderte Paradoxon wurde im späten achtzehnten Jahrhundert von dem Marquis de Condorcet und anderen entdeckt. In Frankreich ist es unter dem Namen Condorcet-Effekt bekannt. Lewis Carroll, der mehrere Pamphlete zum Thema Wahlen geschrieben hat, hat das Paradoxon wiederentdeckt. Kaum einer der frühen Verfechter des Verhältniswahlrechts war sich dieser Achillesferse bewußt. Tatsächlich wurde das Paradoxon von den Politologen erst Mitte der vierziger Jahre unseres Jahrhunderts vollständig gewürdigt, als es der walisische Ökonom Duncan Black im Zusammenhang mit seinem monumentalen Werk über Entscheidungsprozesse in Gruppen wieder ins Gespräch brachte. Heutzutage sind die Experten weit davon entfernt, einig zu sein, welche von den fünf Bedingungen Arrows bei der Suche nach dem perfekten Abstimmungssystem aufgegeben werden sollte. Ein von vielen Entscheidungstheoretikern vorgeschlagener überraschender Ausweg ist der folgende: Entsteht eine Pattsituation, so wird durch Losentscheid ein »Diktator« bestimmt, der das Patt überwindet. Etwas, was diesem Vorschlag ziemlich nahekommt, geschieht in manchen Demokratien,

	Rangordnung				D	E	F
⅓	A	B	C	A	8	1	6
⅓	B	C	A	B	3	5	7
⅓	C	A	B	C	4	9	2

Wähler (left, rows) — Mannschaften (right, rows)

Abbildung 32: Das Abstimmungsparadoxon (links) und das Turnierparadoxon (rechts), die beide auf einem magischen Quadrat beruhen

beispielsweise in England. Dort besitzt ein konstitutioneller Monarch (der durch Losentscheid in dem Sinne ermittelt wurde, daß die Abstammung keine besondere Befangenheit verursacht) sorgfältig beschränkte Rechte, um eine extreme Pattsituation durchbrechen zu können.

Das Abstimmungsparadoxon kann sich in jeder Situation ergeben, in der es darum geht, zwischen zwei Alternativen aus einer Menge von drei oder mehr Möglichkeiten zu entscheiden. Angenommen, A, B und C sind Männer, die alle drei derselben Frau einen Heiratsantrag gemacht haben. Die drei Zeilen der Matrix könnten dann die Einschätzung dieser drei Männer bezüglich drei der Frau wichtigen Merkmale, beispielsweise Intelligenz, Attraktivität und Einkommen, wiedergeben. Vergleicht sie die Kandidaten paarweise miteinander, so muß die arme Frau feststellen, daß sie A dem B vorzieht, B dem C und C dem A. Es ist einfach einzusehen, daß sich ein ähnlicher Konflikt bei der Wahl eines Arbeitsplatzes, eines Urlaubszieles und dergleichen ergeben kann.

Von Paul R. Halmos stammt eine besondere Interpretation der Matrix. Die Buchstaben A, B und C sollen in dieser Reihenfolge stehen für Apfelkuchen, Blaubeerkuchen und Kirschkuchen. Ein Restaurant bietet in seinem Menü immer nur zwei dieser drei Kuchen an. Die Zeilen geben wieder, wie ein bestimmter Kunde die drei Kuchensorten hinsichtlich dreier Merkmale, beispielsweise Geschmack, Frische und Größe der Kuchenstücke, beurteilt. Nach

Halmos macht es nun durchaus Sinn, wenn der Kunde den Apfelkuchen besser findet als den Blaubeerkuchen, Blaubeerkuchen wiederum besser als Kirschkuchen und Kirschkuchen besser als Apfelkuchen. In seinem Buch *Adventures of a Mathematician* (Scribner, 1976) berichtet Stanislaw Ulam, daß er die Intransitivität solcher Bevorzugungsrelationen im Alter von acht oder neun Jahren entdeckte. Später habe er dann erkannt, daß ihn diese Einsicht davor bewahrte, die großen Mathematiker in eine lineare Ordnung gemäß ihrer Verdienste zu bringen.

Die Experten sind sich nicht darüber einig, wie oft solche nichttransitiven Relationen im Alltag auftreten. Allerdings deuten einige neuere psychologische und ökonomische Studien darauf hin, daß diese Art von Relationen häufiger ist als man denkt. Es gibt sogar Berichte über Experimente mit Ratten, die zeigen, daß unter bestimmten Bedingungen die Wahlen, die ein Rattenindividuum trifft, nichttransitiv sind (vergl. Warren S. McCulloch, »A Heterachy of Values Determined by the Topology of Nervous Nets«, in: *Bulletin of Mathematical Biophysics*, Bd. 7, 1945, S. 89–93).

Ähnliche Paradoxa können sich bei Rundenturnieren zwischen Mannschaften ergeben. Angenommen, neun Tennisspieler werden gemäß ihrer Spielstärke an 1 bis 9 gesetzt, und der beste Spieler erhält die Nummer 9, der schlechteste die Nummer 1. Die Matrix, die in der Abbildung 32 rechts zu sehen ist, stellt ein gewöhnliches magisches Quadrat der Ordnung drei dar. Die Zeilen *A*, *B* und *C* sollen jeweils eine Mannschaft bedeuten. Diese Mannschaften werden aus je drei der neun Spieler gebildet. Das Rundenturnier zwischen den Mannschaften soll so ablaufen, daß jeder Spieler der einen Mannschaft gegen jeden Spieler der anderen Mannschaft spielt, wobei wir annehmen wollen, daß der stärkere Spieler stets gewinnt. Es stellt sich in unserem Beispiel heraus, daß Mannschaft *A* gegen Mannschaft *B* gewinnt, *B* gegen *C* und *C* gegen *A*. Das Ergebnis lautet immer fünf zu vier. Somit ist es unmöglich festzustellen, welche Mannschaft die beste ist. Dieselbe Intransitivität ergibt sich, wenn man die Mannschaften *D*, *E* und *F* nimmt, die sich aus den Spalten der Matrix ergeben.

Leo Moser und J. W. Moon haben gemeinsam zahlreiche Paradoxa dieser Art untersucht. Einigen der von Moser und Moon betrachteten Paradoxa liegen verblüffende und wenig bekannte Taschenspielertricks zugrunde. So kann man beispielsweise jeder Zeile (oder

Spalte) eines magischen Quadrates der Ordnung drei ein Tripel von Spielkarten zuordnen. So könnte die Menge *A* Herz-As, Herz-8 und Herz-6 umfassen, *B* die Karten Pik-3, Pik-5 und Pik-7 und *C* Kreuz-2, Kreuz-4 und Kreuz-9 (vergl. Abb. 33). Alle diese Mengen werden nun durchmischt und mit den Bildern nach unten auf den Tisch gelegt. Der Mitspieler darf nun aus einer Menge eine Karte ziehen. Dann zieht man selbst aus einer anderen Menge eine Karte. Die höhere Karte gewinnt. Folgendes ist dann einfach zu beweisen: Gleichgültig, aus welcher Menge der Mitspieler seine Karte zieht, ist es immer möglich, sich für eine Menge zu entscheiden, so daß die Gewinnchancen für einen selbst fünf zu vier stehen. Die Menge *A* gewinnt gegen die Menge *B*, *B* gegen *C* und *C* gegen *A*. Man kann sogar dem Mitspieler jedesmal die Entscheidung zugestehen, ob die höhere oder die niedrigere Karte gewinnen soll. Soll die niedrigere Karte siegen, so wählt man die Menge, die gemäß einem intransitiven Zirkel gewinnt, der im entgegengesetzten Sinne umläuft. Besonders eindrucksvoll gestaltet sich das Spiel, wenn man die Karten jeder Menge aus einem anderen Kartenspiel herausnimmt, wobei sich die Rückseiten der Kartensätze z. B. farblich unterscheiden sollen. Dann kann man nämlich die neun Karten der drei Mengen zu einem Stapel zusammenfassen, sie gemeinsam mischen und anschließend wieder gemäß ihrer Rückseiten in drei Mengen aufteilen. Der geschilderte Trick ist natürlich isomorph zum Paradoxon des Mannschaftsturnieres, das oben geschildert wurde.

Die Intransitivität spielt auch in vielen anderen einfachen Unterhaltungsspielen eine wichtige Rolle. (Man vergleiche hierzu das Kapitel fünf meines Buches *Wheels, Life and Other Mathematical Amusements*, wo sich die Beschreibung eines nichttransitiven Würfels findet.) In einigen Fällen, wie beispielsweise bei dem von Andrew Lenard entwickelten Kreisel (vergl. Abb. 34), ist die Intransitivität leicht zu verstehen. Der untere Teil des Kreisels ist unbeweglich, der obere dreht sich. Jeder der beiden Spieler entscheidet sich für einen anderen Pfeil. Dann wird der Kreisel in Bewegung versetzt (wobei die Richtung keine Rolle spielt). Diejenige Person, deren Pfeil auf das Feld mit der höchsten Zahl zeigt, hat gewonnen. *A* schlägt *B*, *B* schlägt *C* und *C* schlägt *A*. Jedesmal ist die Wahrscheinlichkeit 2 zu 1.

Bei den vier Bingokarten, die von Donald E. Knuth stammen, ist die Intransitivität geschickt versteckt (vergl. Abb. 35). Jeder der beiden Mitspieler wählt eine Bingokarte. Dann werden zufällig Zahlen

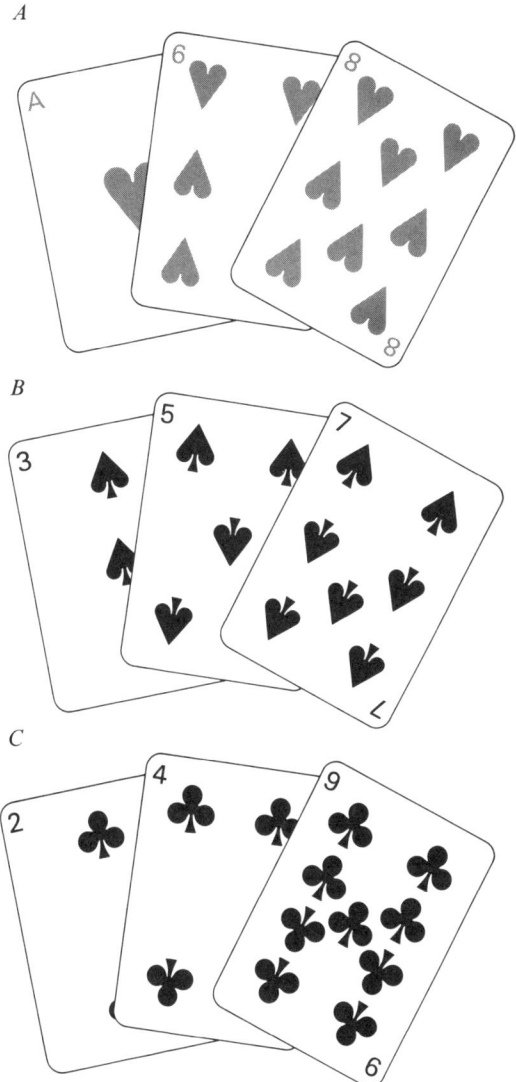

Abbildung 33: Ein intransitiver Taschenspielertrick, der auf einem magischen Quadrat beruht: $A{\rightarrow}B{\rightarrow}C{\rightarrow}A$.

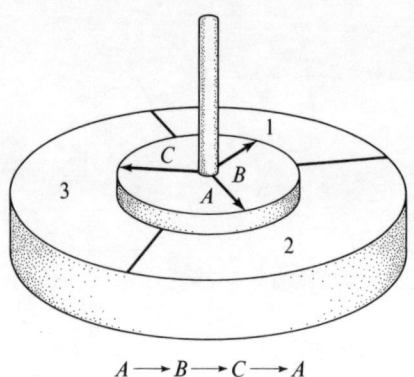

$$A \longrightarrow B \longrightarrow C \longrightarrow A$$

Abbildung 34: Ein intransitiver Kreisel

zwischen 1 und 6 ohne Zurücklegen gezogen, wie das beim gewöhnlichen Bingo auch gemacht wird. Findet sich eine gezogene Zahl auf einer Karte, so wird deren Feld mit einer Spielmarke belegt. Derjenige Spieler, der als erster eine Zeile seiner Karte voll markiert hat, ist Sieger. Bei diesem Spiel sind die Zahlen natürlich bloße Symbole und könnten deshalb beliebig durch sechs andersgeartete Zeichen ersetzt werden. Ich überlasse es dem Leser, die Wahrscheinlichkeiten auszurechnen, die zeigen, daß die Karte *A* gegen die Karte *B* gewinnt, *B* gegen *C*, *C* gegen *D* und schließlich *D* gegen *A*. Für drei Spieler ist das Spiel transitiv; allerdings sind die Gewinnwahrscheinlichkeiten für die vier möglichen Tripel von Karten überraschend.

Eine der unglaublichsten intransitiven Wettsituationen wurde (sinnigerweise) von einem Mathematiker namens Walter Penney (penny = Pfennig) entdeckt, der sie als Aufgabe im *Journal of Recreational Mathematics* (Okt. 1969, S. 241) stellte. Diese Situation ist wenig bekannt, und die meisten Mathematiker reagieren völlig ungläubig, wenn sie zum ersten Mal davon hören. Es ist sicherlich einer der raffiniertesten Taschenspielertricks, die bekannt sind. Man kann auf die Seiten eines Pfennigs, auf Schwarz und Rot beim Roulette oder auf irgendeine andere Situation wetten, die zwei zufällige Ergebnisse, die gleich wahrscheinlich sind, kennt. Wir wollen hier annehmen, daß wir einen Pfennig verwenden. Dieser wird dreimal geworfen, wobei es acht gleich wahrscheinliche Ereignisse gibt: *KKK*, *KKZ*, *KZK*, *KZZ*, *ZKK*, *ZKZ*, *ZZK* und *ZZZ* (Z steht für »Zahl«, K

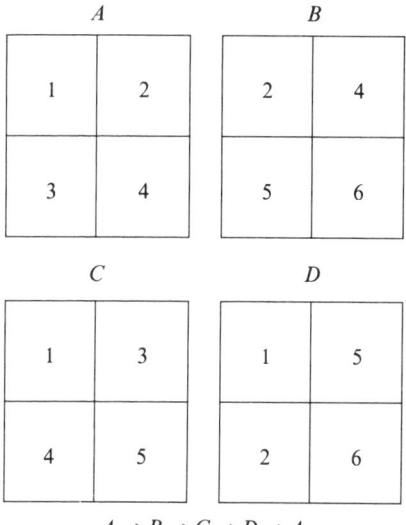

A → B → C → D → A

Abbildung 35: Nichttransitive Bingokarten

für »Kopf«). Jeder der beiden Spieler entscheidet sich für eines dieser Tripel. Der Pfennig wird dann so lange geworfen, bis eines der ausgewählten Tripel als Ergebnisfolge hintereinander auftritt und das Spiel zu seinen Gunsten entscheidet. Sind beispielsweise die ausgewählten Tripel *KKZ* und *ZKZ* und lauten die Wurfergebnisse *ZKKKZ*, so erkennt man an den letzten drei Würfen, daß das Tripel *KKZ* gewonnen hat. Kurz gesagt: Dasjenige Tripel, das als erstes auftritt, gewinnt.

Man könnte nun meinen, daß alle Tripel gleich wahrscheinlich als erste auftreten können. Man braucht aber nur einen Augenblick, um einzusehen, daß diese Annahme schon für Paare falsch ist. Man betrachtet hierzu die Paare *KK*, *KZ*, *ZK* und *ZZ*. Die beiden Ergebnisse *KK* und *KZ* können gleich wahrscheinlich als erste auftreten, denn nachdem das erste *K* gefallen ist, sind als nächstes Ergebnis *K* und *Z* gleich wahrscheinlich. Dieselbe Überlegung zeigt, daß auch *ZZ* und *ZK* gleich wahrscheinlich sind. Aus Symmetriegründen gilt das auch für *ZZ* und *KK* sowie für *KZ* und *ZK*. *ZK* ist aber dreimal wahrscheinlicher als *ZZ*. Das gleiche gilt für *KZ* und *ZZ*. Nun betrachte man *KZ* und *ZZ*. Der Ergebnisfolge *ZZ* geht

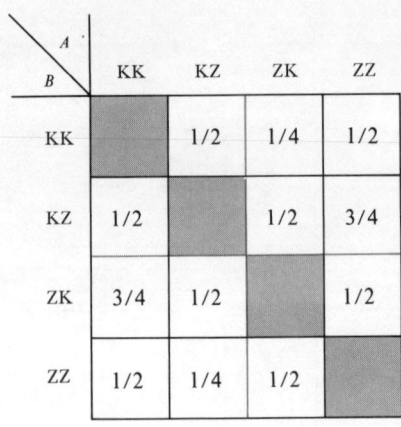

	KK	KZ	ZK	ZZ
KK		1/2	1/4	1/2
KZ	1/2		1/2	3/4
ZK	3/4	1/2		1/2
ZZ	1/2	1/4	1/2	

Abbildung 36: Gewinnwahrscheinlichkeit für *B*

immer die Folge *KZ* voran, außer wenn *ZZ* direkt in den ersten beiden Würfen auftritt. Im Mittel geschieht letzteres nur einmal in vier Serien. Deshalb beträgt die Wahrscheinlichkeit, daß *KZ* gegen *ZZ* gewinnt, genau ¾. Die Abbildung 36 zeigt die Wahrscheinlichkeiten, mit denen der zweite Spieler *B* gewinnt in Abhängigkeit davon, für welches Paar er sich entscheidet.

Gehen wir zu Tripeln über, so bietet die Situation noch viel mehr Überraschungen. Weil es keine Rolle spielt, welche Seite einer Münze man »Kopf« und welche man »Zahl« nennt, gelten folgende Gleichheiten: *KKK* = *ZZZ*, *ZZK* = *KKZ*, *KZK* = *ZKZ* und so weiter. Untersuchen wir aber die Wahrscheinlichkeiten für asymmetrische Tripel, so bemerken wir, daß das Spiel nichttransitiv ist. Gleichgültig, welches Tripel der erste Spieler auswählt, der zweite kann immer ein besseres finden. Die Abbildung 37 gibt die Gewinnwahrscheinlichkeit für den zweiten Spieler *B* für alle möglichen Kombinationen der Tripel an. Will man die beste Antwort für *B* auf eine bestimmte Wahl von *A* finden, so muß man das von *A* gewählte Tripel oben über der Tabelle suchen, um dann die zugehörige Spalte abwärts durchzugehen, bis man auf die größte auftretende Wahrscheinlichkeit stößt. Von dem entsprechenden Feld geht man dann nach links zu der Zeile, wo man schließlich am Ende *B*'s Tripel antrifft.

Man beachte, daß die Gewinnwahrscheinlichkeit für *B* im schlechte-

B \ A	KKK	KKZ	KZK	KZZ	ZKK	ZKZ	ZZK	ZZZ
KKK		1/2	2/5	2/5	1/8	5/12	3/10	1/2
KKZ	1/2		2/3	2/3	1/4	5/8	1/2	7/10
KZK	3/5	1/3		1/2	1/2	1/2	3/8	7/12
KZZ	3/5	1/3	1/2		1/2	1/2	3/4	7/8
ZKK	7/8	3/4	1/2	1/2		1/2	1/3	3/5
ZKZ	7/12	3/8	1/2	1/2	1/2		1/3	3/5
ZZK	7/10	1/2	5/8	1/4	2/3	2/3		1/2
ZZZ	1/2	3/10	5/12	1/8	2/5	2/5	1/2	

Abbildung 37: Gewinnwahrscheinlichkeit für B beim Tripelspiel

sten Falle ⅔ (also ein Verhältnis von 2 zu 1) beträgt. Seine Gewinnwahrscheinlichkeit geht hoch bis zu ⅞. Dieses Sieben-zu-eins-Ver-
hältnis läßt sich einfach verstehen. Dazu betrachtet man ZKK und
KKK. Sollte das Tripel KKK irgendwann außer direkt am Anfang
auftreten, so muß ihm ein Z vorangehen. Hieraus folgt, daß ZKK
schon zuvor eingetreten ist. KKK gewinnt deshalb nur, wenn sich
KKK in den ersten drei Würfen ergibt. Das geschieht durchschnittlich nur einmal in acht Wurfserien zu jeweils drei Würfen.
Barry Wolk von der University of Manitoba hat eine merkwürdige
Regel entdeckt, mit deren Hilfe man das beste Tripel ermitteln kann.
Es sei X das von A gewählte Tripel. Man verwandelt dieses Tripel in
eine Dualzahl, indem man aus jedem K eine 0 und aus jedem Z eine
1 macht. Anschließend dividiert man die entstandene Zahl durch 2

und rundet den sich ergebenden Quotienten auf die nächst kleinere natürliche Zahl ab. Nun multipliziert man mit 5 und addiere 4. Das Ergebnis muß danach ins Dualsystem überführt werden. Schließlich wandelt man die letzten drei Ziffern wieder in K's und Z's um.

Die Intransitivität gilt auch für alle Spiele mit höheren n-Tupeln. Eine von Wolk erstellte Tabelle gibt die Gewinnwahrscheinlichkeiten für B bei allen möglichen Zusammenstellungen von Quadrupeln an (vergl. Abb. 38). Wie die beiden vorangegangenen und alle Tabellen für höhere n-Tupel ist auch diese Tabelle punktsymmetrisch zu ihrem Mittelpunkt. Der Quadrant oben rechts ist nichts anderes als der auf den Kopf gestellte Quadrant unten links. Dasselbe gilt auch für die Quadranten oben links und unten rechts. Die Gewinnwahrscheinlichkeiten der für B günstigsten Auswahlen sind in der Tabelle grau.

Im Laufe seiner Untersuchungen über solche Tabellen hat Wolk noch eine andere Art von Anomalie entdeckt, die ebenso verblüffend wie die Intransitivität ist: die Wartezeiten. Die Wartezeit eines n-Tupels ist gleich der mittleren Anzahl von Würfen, die erforderlich sind, bis das fragliche n-Tupel durchschnittlich auftritt. Je länger man schon auf den Bus gewartet hat, desto kürzer ist die verbleibende Wartezeit. Pfennige besitzen allerdings kein Gedächtnis, woraus folgt, daß die Wartezeit eines n-Tupels unabhängig davon ist, wie die vorangehenden Würfe ausgefallen sind. Sowohl für K wie auch für Z beläuft sich die Wartezeit auf 2. Betrachtet man Paare, so liegt die Wartezeit bei 4 für KZ und ZK sowie bei 6 für KK und ZZ. Bei Tripeln gelten folgende Wartezeiten: 8 für KKZ, KZZ, ZKK und ZZK, 10 für KZK und ZKZ sowie 14 für KKK und ZZZ. Diese Werte widersprechen in keiner Weise dem, was wir über die Wahrscheinlichkeiten dafür, daß ein Tripel als erstes fällt, gelernt haben. Bei Quadrupeln jedoch ergeben sich in sechs Fällen Widersprüche. $ZKZK$ entspricht der Wartezeit 20, $KZKK$ der Wartezeit 18. Im Gegensatz hierzu beträgt aber die Wahrscheinlichkeit dafür, daß $ZKZK$ vor $KZKK$ auftritt, $9/14$, also deutlich mehr als $1/2$. Anders gesagt: Das Ergebnis, das auf lange Sicht gesehen seltener auftritt, hat eine größere Wahrscheinlichkeit, als erstes aufzutreten, als das häufigere Ergebnis. Es gibt hier zwar keinen logischen Widerspruch, man sieht jedoch, daß die »mittlere Wartezeit« ihre Eigenarten besitzt.

Es gibt verschiedene Möglichkeiten, die Wahrscheinlichkeit, daß ein

	KKKK	KKKZ	KKZK	KKZZ	KZKK	KZKZ	KZZK	KZZZ	ZKKK	ZKKZ	ZKZK	ZKZZ	ZZKK	ZZKZ	ZZZK	ZZZZ
KKKK		1/2	2/5	2/5	3/10	5/12	4/11	4/11	1/16	3/8	3/8	3/8	1/4	3/8	7/22	1/2
KKKZ	1/2		2/3	2/3	1/2	5/8	4/7	4/7	1/8	9/16	9/16	9/16	5/12	9/16	1/2	15/22
KKZK	3/5	1/3		1/2	3/5	5/7	1/2	1/2	5/12	5/12	9/16	9/16	5/14	1/2	7/16	5/8
KKZZ	3/5	1/3	1/2		3/7	5/9	2/3	2/3	5/12	5/12	9/16	9/16	1/2	9/14	7/12	3/4
KZKK	7/10	1/2	2/5	4/7		1/2	1/2	1/2	7/12	7/12	5/14	1/2	7/16	7/16	7/16	5/8
KZKZ	7/12	3/8	2/7	4/9	1/2		1/2	1/2	7/16	7/16	1/2	9/14	7/16	7/16	7/16	5/8
KZZK	7/11	3/7	1/2	1/3	1/2	1/2		1/2	1/2	1/2	1/2	9/16	5/12	7/12	7/12	7/16	5/8
KZZZ	7/11	3/7	1/2	1/3	1/2	1/2	1/2		1/2	1/2	9/16	5/12	7/12	7/12	7/8	15/16
ZKKK	15/16	7/8	7/12	7/12	5/12	9/16	1/2	1/2		1/2	1/2	1/2	1/3	1/2	3/7	7/11
ZKKZ	5/8	7/16	7/12	7/12	5/12	9/16	1/2	1/2	1/2		1/2	1/2	1/3	1/2	3/7	7/11
ZKZK	5/8	7/16	7/16	7/16	9/14	1/2	7/16	7/16	1/2	1/2		1/2	4/9	2/7	3/8	7/12
ZKZZ	5/8	7/16	7/16	7/16	1/2	5/14	7/12	7/12	1/2	1/2	1/2		4/7	2/5	1/2	7/10
ZZKK	3/4	7/12	9/14	1/2	9/16	9/16	5/12	5/12	2/3	2/3	5/9	3/7		1/2	1/3	3/5
ZZKZ	5/8	7/16	1/2	5/14	9/16	9/16	5/12	5/12	1/2	1/2	5/7	3/5	1/2		1/3	3/5
ZZZK	15/22	1/2	9/16	5/12	9/16	9/16	9/16	1/8	4/7	4/7	5/8	1/2	2/3	2/3		1/2
ZZZZ	1/2	7/22	3/8	1/4	3/8	3/8	3/8	1/16	4/11	4/11	5/12	3/10	2/5	2/5	1/2	

Abbildung 38: Gewinnwahrscheinlichkeiten für *B* im Quadrupelspiel

n-Tupel vor einem anderen auftritt, zu berechnen. Man kann (unendliche) Reihen aufsummieren, Baumdiagramme zeichnen oder rekursive Techniken verwenden, die lineare Gleichungen liefern. Darüber hinaus gibt es noch weitere Möglichkeiten. Eine der merkwürdigsten, aber auch effizientesten Techniken ist von John Horton Conway von der Universität Cambridge entwickelt worden. Ich habe keinen blassen Schimmer, warum sein Verfahren funktioniert, aber es liefert auf wunderbare Weise das richtige Ergebnis – ähnlich wie viele andere Algorithmen von Conway.

Der Schlüssel zu Conways Algorithmus liegt in der Berechnung jener vier Dualzahlen, die Conway »führende Zahlen« getauft hat. Es sei *A* das Siebentupel *KKZKKKZ* und *B* das Siebentupel *ZKKZKKK*. Wir wollen die Wahrscheinlichkeit berechnen, daß *B* das Tupel *A* schlägt.

Dazu bildet man vier Blöcke, indem man A über A, B über B, A über B und schließlich B über A schreibt (vergl. Abb. 39). Oberhalb des ersten Tupels jedes Blockes wird nun eine Dualzahl konstruiert. Betrachten wir beispielsweise den ersten Block AA. Nun sieht man sich den ersten Buchstaben des oberen Tupels an und fragt sich, ob die insgesamt sieben Buchstaben – beginnend mit dem ersten – exakt den sieben Buchstaben des unteren Tupels in eben dieser Reihenfolge entsprechen oder nicht. Offensichtlich ist das der Fall. Deshalb schreiben wir eine 1 über den ersten Buchstaben. Dann nehmen wir den zweiten Buchstaben des oberen Tupels und fragen uns, ob die sechs Buchstaben, beginnend mit dem zweiten, des oberen Tupels mit den *ersten* sechs Buchstaben am Anfang des zweiten Tupels übereinstimmen. Das ist offensichtlich nicht der Fall, also schreiben wir eine 0 über den zweiten Buchstaben. Stimmen die fünf Buchstaben, beginnend mit dem dritten Buchstaben, des oberen Tripels mit den ersten fünf Buchstaben des unteren Tripels überein? Nein. So ist auch diese Ziffer eine 0. Auch der vierte Buchstabe ergibt eine 0. Betrachten wir aber den fünften Buchstaben des oberen Tupels A, so stellen wir fest, daß KKZ in der Tat mit den ersten drei Buchstaben des unteren Tupels übereinstimmt, so daß die fünfte Ziffer eine 1 wird. Dagegen liefern die Buchstaben sechs und sieben wieder beide 0. Die »A-führt-A-Zahl«, für die wir auch AA schreiben wollen, ist somit 1000100. Dabei entspricht jede 1 einer affirmativen und jede 0 einer negativen Antwort. Übersetzt man 1000100 ins Dezimalsystem, so ergibt sich die Zahl 68. Das ist die dezimale »A-führt-A-Zahl«.

In Abbildung 39 ist die Berechnung der Zahlen »A-führt-A«, »B-führt-B«, »A-führt-B« und »B-führt-A« dargestellt. Wird ein n-Tupel mit sich selbst verglichen, so lautet die erste Ziffer selbstverständlich immer 1. Werden dagegen unterschiedliche Tupel miteinander verglichen, so kann die erste Ziffer eine 1 oder eine 0 sein.

Die Wahrscheinlichkeit eines Sieges von B über A wird durch den Quotienten $(AA-AB)/(BB-BA)$ bestimmt. Im vorliegenden Fall ergibt das den Zahlenwert $(68-1)/(64-35) = 67/29$. Als Übungsaufgabe sollte der Leser versuchen, die Wahrscheinlichkeit dafür, daß ZKK das Tripel KKK schlägt, zu berechnen. Die vier Führungszahlen lauten: $AA = 7$, $BB = 4$, $AB = 0$ und $BA = 3$. Setzt man diese in die obige Formel ein, so erhält man den Ausdruck $(7-0)/(4-3)$ oder sieben zu eins, was zu erwarten war. Der Algorithmus arbeitet auch

```
1 0 0 0 1 0 0 = 68        0 0 0 0 0 0 1 = 1
A = KKZKKKZ               A = KKZKKKZ
A = KKZKKKZ               B = ZKKZKKK
                                              AA − AB : BB − BA
                                              68 − 1 : 64 − 35
1 0 0 0 0 0 0 = 64        0 1 0 0 0 1 1 = 35  67 : 29
B = ZKKZKKK               B = ZKKZKKK
B = ZKKZKKK               A = KKZKKKZ
```

Abbildung 39: Der Algorithmus von John Horton Conway zur Berechnung der Wahrscheinlichkeit, daß das n-Tupel B das n-Tupel A schlägt.

für Tupel mit ungleichen Längen, vorausgesetzt, das kurze Tupel ist nicht eine Teilfolge des längeren. Ist nämlich beispielsweise $A = KK$ und $B = KKZ$, so gewinnt A immer. Ich schließe mit einem Problem, das von David L. Silberman stammt. Silberman hat als erster das Penney-Paradoxon in den Rätselecken eingeführt (*Journal for Recreational Mathematics*, Bd. 2, Okt. 1969, S. 241). Der Leser dürfte kaum Schwierigkeiten haben, dieses Problem mit Hilfe des Conwayschen Algorithmus zu lösen. *ZZKK* besitzt eine Wartezeit von 16, *KKK* eine von 14. Welches dieser beiden Quadrupel hat die besseren Aussichten, als erstes aufzutreten? Wie groß ist die Wahrscheinlichkeit?

Antworten

Welches der beiden Muster aus »Kopf« und »Zahl« *ZZKK* und *KKK* hat größere Chancen, als erstes aufzutreten, wenn eine Münze genügend oft geworfen wird? Wenn wir John Horton Conways Algorithmus anwenden, erfahren wir, daß *ZZKK* bessere Chancen hat und daß die Wahrscheinlichkeit dafür, daß *ZZKK* vor *KKK* auftritt, $^7/_{12}$ beträgt. Einige Quadrupel schlagen Tripel sogar mit einem noch größeren Vorsprung. So ist beispielsweise die Wahrscheinlichkeit dafür, daß *ZKKK* vor *KKK* auftritt, $^7/_8$, oder, anders gesagt, sieben zu eins. Dies ist einfach einzusehen. Tritt die Folge *KKK* nicht in den ersten drei Würfen auf, muß ihr ein *Z* vorangehen. Natürlich ist die Wahrscheinlichkeit für ersteres ein Achtel.

Die Wartezeit für *ZZKK* und für *ZKKK* beträgt 16. Dem steht eine Wartezeit von 14 für *KKK* entgegen. Also ergibt sich in den beiden geschilderten Fällen, wo jeweils ein Quadrupel einem Tripel gegenübersteht, die paradoxe Situation, daß das weniger wahrscheinliche Ereignis wahrscheinlich vor dem wahrscheinlicheren eintritt und zwar mit einer Wahrscheinlichkeit, die größer als ½ ist.

Ergänzungen

Zahlreiche Leser haben erkannt, daß das Verfahren von Berry Wolk zur Auffindung des besten Tripels für *B*, das das Tripel von *A* schlägt, äquivalent ist zu folgendem Vorgehen: Man setze vor *A* das Komplement seines vorletzten Symbols und streiche dann das letzte. Mehr als die Hälfte der Leser, die dies erkannt haben, bemerkten auch, daß das Verfahren für Quadrupel funktioniert – mit Ausnahme der beiden Fälle, in denen sich *K* und *Z* immer abwechseln. In diesen beiden Fällen stimmt das Symbol, das *A* vorangesetzt werden muß, mit dem vorletzten Symbol von *A* überein.

Die Leser David Sachs und Bryce Hurst haben bemerkt, daß Conways »Führungszahl« in dem Fall, daß man ein *n*-Tupel mit sich selbst vergleicht, automatisch die Wartezeit des Tupels liefert. Hierzu muß man nur die Führungszahl verdoppeln.

Die Philosophen des alten China unterteilten, so wurde mir erzählt, die Materie in fünf Kategorien, die ihrerseits einen intransitiven Zyklus bilden: Das Holz gebiert das Feuer, das Feuer die Erde, die Erde das Metall, das Metall das Wasser und schließlich das Wasser das Holz. Die Science-fiction-Erzählung »Spacetime Donuts« von Rudy Rucker (*Unearth*, Sommer 1978) beruht auf einer wesentlich bizarreren intransitiven Theorie. Geht man die Längenskala hinunter, bis man einige Stufen unterhalb des Elektrons angelangt ist, so rutscht man (so die Idee von Rucker) in die Galaxie des Universums, das wir gegenwärtig bewohnen. Geht man die Längenskala hinauf, bis man einige Stufen oberhalb unserer Galaxie ankommt, wird man zurückgeführt zu den Elementarteilchen – und zwar nicht etwa zu größeren Elementarteilchen, sondern genau zu denjenigen, aus denen unsere Sterne bestehen. Das Wort »Materie« verliert in diesem Zusammenhang jegliche Bedeutung.

Scientific American veröffentlichte im Januar 1975 folgenden Brief:

Sehr geehrte Herren,
möglicherweise hat mir der Artikel von Martin Gardner über
die Paradoxa, die sich im Zusammenhang mit intransitiven
Relationen ergeben, geholfen, in Rom eine Wette zu gewinnen
über den Ausgang des Weltmeisterschaftskampfes im Schwer-
gewicht zwischen Muhammed Ali und Foreman, der am
30. Oktober in Zaire ausgetragen wurde.

Es könnte sein, daß Ali, obwohl langsamer geworden als in
früheren Jahren und in den Wetten 1 zu 4 unterlegen, für
diesen speziellen Kampf hinsichtlich Motivation und Psycho-
logie einen Vorteil gehabt hat. Aber dennoch könnte zusätzlich
Gardners Mathematik von Relevanz gewesen sein. Obwohl
Foreman Frazier geschlagen hat, dem seinerseits Ali unterlag,
kann Ali Foreman besiegen, nämlich dann, wenn die Relation
zwischen den dreien intransitiv ist.

Ich habe eine Rangordnung der drei Boxer hinsichtlich ihrer
Schnelligkeit, Kraft und Technik (einschließlich der psycholo-
gischen Technik) auf der Grundlage der Presseberichte ange-
legt und dabei eine intransitive Relation gefunden, die mich
dazu verlockte, zu wetten:

	Ali	Frazier	Foreman
Schnelligkeit	2	1	3
Kraft	3	2	1
Technik	1	3	2

Foreman ist Frazier hinsichtlich Kraft und Technik überlegen,
aber Alis Technik und Alis Schnelligkeit sind wiederum der
Foremans überlegen. Das war mir eine Wette wert. Für die
Zukunft folgt allerdings, daß Frazier Ali immer noch schlagen
kann!

Vaud (Schweiz)   Anton Piel

David Silverman hat (im *Journal of Recreational Mathematics*, Bd. 2,
Okt. 1969) ein Zweipersonenspiel vorgeschlagen, das er »blind
Penney-ante« taufte. Dieses Spiel beruht auf den intransitiven Tripeln, die sich ergeben, wenn man eine faire Münze genügend oft
wirft. Alle Mitspieler wählen simultan und ohne Kenntnis der

Wahlen der anderen Spieler ein Tripel. Dasjenige Tripel, das als erstes auftritt, gewinnt. Welches ist die beste Strategie für einen Spieler? Diese Frage ist nicht leicht zu beantworten. Eine vollständige Lösung, die auf einer Matrix für das 8 mal 8-Spiel beruht, findet sich in *The College Mathematics Journal* als Lösung zum Problem 299 (Jan. 1987, S. 74–76).

6
Aufzüge

Aufzüge sind anders als Autos, Züge, Flugzeuge, Schiffe und andere verbreitete Transportmittel bislang von den Unterhaltungsmathematikern sträflich vernachlässigt worden. In diesem Kapitel werden wir damit anfangen, diesen Mangel zu beheben, indem wir vier ungewöhnliche Aufzugsprobleme betrachten. Die ersten drei stammen von Donald E. Knuth, seines Zeichens Informatiker an der Stanford University und Verfasser des siebenbändigen Klassikers *The Art of Computer Programming*. Bevor wir zwei kombinatorische Probleme besprechen werden, die erstmals im dritten Band auftauchen, wollen wir noch ein wohlbekanntes Paradoxon aus der Wahrscheinlichkeitsrechnung betrachten, das eine verblüffende Verallgemeinerung zuläßt, die Knuth vor einigen Jahren entdeckt hat.

Das Aufzug-Paradoxon wurde von George Gamow und Marvin Stern im Vorwort zu ihrem kleinen Buch *Puzzle-Math* (Viking, 1958) beschrieben. Gamow hatte früher sein Büro im zweiten Stockwerk eines siebenstöckigen Hauses; Sterns Büro lag im sechsten Stock desselben Gebäudes. Immer wenn Gamow Stern besuchen wollte, mußte er feststellen, daß der erste Aufzug, der im zweiten Stock hielt, in fünf von sechs Fällen nach unten fuhr. Es schien fast so, als würden die Aufzüge auf dem Dach hergestellt und dann durch die Schächte nach unten geschickt, um im Erdgeschoß aufbewahrt zu werden. Für Stern sah die Situation genau umgekehrt aus. Wenn er nach unten fahren wollte, um Gamow zu treffen, war der Aufzug, der gerade kam, in fünf von sechs Fällen auf dem Weg nach oben. Wurden die Aufzüge vielleicht im Erdgeschoß gebaut, dann aufs Dach befördert und von dort per Hubschrauber verschickt?

Wie Knuth später betont hat, erfordert die Erklärung einige idealisierende Annahmen. So muß man voraussetzen, daß jeder Aufzug stetig und mit konstanter Geschwindigkeit vom Keller zum obersten Stockwerk und wieder zurückfährt. Die Wartezeiten auf allen Stockwerken müssen gleich sein. So können wir annehmen, daß sich jeder Aufzug an einem zufälligen Ort auf seinem Umlauf befindet, wenn er per Knopfdruck gerufen wird.

Falls es nur einen Aufzug gibt, ist es ziemlich einfach, die Wahrscheinlichkeit dafür zu berechnen, daß er sich gerade auf dem Weg nach unten befindet, wenn er in einem Stockwerk hält. Stern hat in seinem sechsten Stock fünf Stockwerke unter sich und eines über sich. Deshalb ist die Wahrscheinlichkeit, daß der Aufzug sich unter ihm befindet, $\frac{5}{6}$. Gamow im zweiten Stock hat fünf Stockwerke über sich und eines unter sich. Also ist die Wahrscheinlichkeit, daß sich der Aufzug über ihm befindet und im Begriff ist, nach unten zu fahren, auch $\frac{5}{6}$. Gamow und Stern erklären das alles in ihrem Buch. Dann aber unterläuft ihnen ein Schnitzer. Sie schreiben nämlich, daß die Wahrscheinlichkeiten »natürlich dieselben bleiben«, wenn es mehr als einen Aufzug gibt. Dieser Fehler ist verständlich, denn rein intuitiv scheint die Aussage wahr zu sein. Anscheinend war Knuth der erste, der erkannte, daß sie das aber ganz und gar nicht ist. Geht die Anzahl der Aufzüge gegen unendlich, bewegt sich die Wahrscheinlichkeit, daß der erste Aufzug, der auf irgendeinem Stockwerk hält, sich gerade nach oben (oder nach unten) bewegt, gegen $\frac{1}{2}$. Das ist ein völlig unerwartetes Ergebnis. Dennoch bleibt die Wahrscheinlichkeit für jeden einzelnen Aufzug (beispielsweise im zweiten Stock zu halten) gleich $\frac{5}{6}$. Alle Aufzüge aber haben dieselbe Wahrscheinlichkeit, als nächste zu stoppen.

Die Lösung für zwei oder mehr Aufzüge ist aufgrund der auftretenden bedingten Wahrscheinlichkeiten* schwierig. Knuth schreibt dazu: »Die Auswahl, welcher Aufzug als erster im ersten Stock anhält, hängt teilweise davon ab, ob er von oben oder von unten kommt, denn ein Aufzug, der sich unter dem zweiten Stock befindet, wenn wir zu warten beginnen, wird wahrscheinlich früher da sein als ein Aufzug, der sich oberhalb befindet (wenn alles andere gleich ist).« In seiner Arbeit von 1969 (siehe Bibliographie) analysiert er Gamows Situation folgendermaßen: »Man betrachte denjenigen Teil des Umlaufes eines Aufzuges, der im vierten Stock beginnt. Dann gehe man abwärts zum Erdgeschoß und anschließend ins erste Stockwerk. Das macht $\frac{4}{12} = \frac{1}{3}$ des Gesamtumlaufes aus. Während

---

* Bedingte Wahrscheinlichkeiten, die man in der Form $W(A/B)$ schreibt, sind folgendermaßen zu lesen: $W(A/B)$ ist die Wahrscheinlichkeit dafür, daß B eintritt, wenn A eingetreten ist.

der ersten Hälfte dieser Fahrt stoppt der Aufzug im zweiten Stock auf dem Weg nach unten, und während der zweiten Hälfte, auf dem Weg nach oben, hält er dort noch einmal. Wir können diesen Abschnitt des Umlaufs ausgewogen nennen, weil er weder die Abwärts- noch die Aufwärtsrichtung bevorzugt.«

Im Falle von n Aufzügen unterscheidet Knuth zwei Situationen:

1. Kein Aufzug befindet sich im ausgewogenen Abschnitt. Dafür ist die Wahrscheinlichkeit $(\frac{2}{3})^n$, da die entsprechende Wahrscheinlichkeit für jeden einzelnen Aufzug $(\frac{2}{3})$ ist. Der Aufzug, der als nächster im ersten Stockwerk halten wird, wird nach unten fahren.

2. Mindestens ein Aufzug befindet sich im ausgewogenen Abschnitt. Die Wahrscheinlichkeit ist die Gegenwahrscheinlichkeit zu Ereignis 1.) – also $1 - (\frac{2}{3})^n$. Alle Aufzüge, die sich außerhalb des ausgewogenen Abschnittes befinden, können ignoriert werden, weil diejenigen, die sich im ausgewogenen Abschnitt befinden, immer schneller im zweiten Stockwerk sein werden. Im vorliegenden Fall beträgt die Wahrscheinlichkeit, daß der Aufzug, der anhält, gerade nach unten fährt, $\frac{1}{2}$.

Faßt man diese Resultate zusammen, so erhält man die Gesamtwahrscheinlichkeit, daß sich der Aufzug, der im ersten Stock hält, nach unten bewegt: $(\frac{2}{3})^n + \frac{1}{2} \times (1 - (\frac{2}{3})^n) = \frac{1}{2} + \frac{1}{2} \times (\frac{2}{3})^n$. Gibt es also nur zwei Aufzüge in dem siebenstöckigen Gebäude, so beträgt die Wahrscheinlichkeit dafür, daß der erste Aufzug, der im zweiten Stock stoppt, nach unten fährt, $\frac{1}{2} + \frac{2}{9} = \frac{13}{18}$. Das ist etwas weniger als $\frac{5}{6}$. Also haben sich Gamows Chancen, einen Aufzug nach oben zu erwischen, etwas verbessert. Gibt es sieben Aufzüge, so beträgt die entsprechende Wahrscheinlichkeit für einen abwärts fahrenden Aufzug $^{2,315}/_{4,374}$. Das liegt schon recht nahe bei $\frac{1}{2}$.

Knuth hat eine allgemeine Formel aufgestellt, die sich auf alle Gebäude anwenden läßt. Er definiert p als den Abstand eines bestimmten Stockwerks zum Erdgeschoß, dividiert durch den Abstand zwischen Erd- und Dachgeschoß. Im Fall von Gamow ist p gleich $\frac{1}{6}$; für Stern hingegen ist $p = \frac{5}{6}$. p liegt also immer zwischen 0 und 1. Die allgemeine Formel lautet nun:

$$1/2 + 1/2 \cdot (1\text{--}2\,\mathrm{p}) \mid (1\text{--}2\mathrm{p})^{n-1} \mid$$

Die senkrechten Striche deuten den Absolutbetrag des eingeschlossenen Termes an. Die Wahrscheinlichkeit strebt gegen ½, wenn n – das ist die Anzahl der Aufzüge – gegen unendlich geht.

Unser zweites Aufzugsproblem stammt aus dem dritten Band von Knuths Serie. Dieser Band beschäftigt sich ausschließlich mit Such- und Sortieralgorithmen für Informationen. Wie die beiden vorherigen ist auch dieser Band im Inhalt klar umrissen und in einem verständlichen und informativen Stil geschrieben (obwohl er manchmal notwendigerweise knapp und technisch gehalten ist). Man findet in ihm neben viel Witzigem auch zahlreiche historische Fakten und Aufgaben, die sehr unterhaltsam sind. So faßt Knuth z. B. auf den Seiten 11 bis 72 brillant und fast vollständig die kombinatorischen Eigenschaften von Permutationen zusammen. Das ist ein Thema, das eng mit vielen klassischen Rätseln zusammenhängt. Die Übungen des Buches umfassen Kartenspiele und -tricks, Anagramme, Schneepflüge und die Planung eines Tennisturnieres (einschließlich des mißlungenen Versuchs von Lewis Carroll, ein System zu finden, das dem zweitbesten Spieler gerecht werden sollte), außerdem Turmprobleme, Sortierrätsel, das ungelöste Gewichtsproblem, das Josefsproblem, Parkplatzprobleme, die Fibonacci-Zahlen, die »Tableaux« von Alfred Young (die eine merkwürdige Bedeutung für die achtfache Symmetrie der Elementarteilchenphysik haben) und hundert andere Dinge, die direkt zur Unterhaltungsmathematik führen.

Wir wollen uns hier mit den auf den Seiten 357 bis 360 beschriebenen Problemen befassen. Dort betrachtet Knuth den Aufzug als Modell für das Ein-Band-Sortierproblem bei einem Computer. Bei Knuth hat das Gebäude n Stockwerke, in denen sich jeweils genau c Personen befinden. Es gibt nur einen einzigen Aufzug, dessen Fassungsvermögen b Personen beträgt. Wir wollen annehmen, daß das Gebäude vollständig besetzt ist (also mit $c \cdot n$ Personen). Jeweils genau c Personen wollen ein Stockwerk erreichen: c wollen in das Erdgeschoß, c in den ersten Stock, c in den zweiten und so weiter. Einige Leute sind vielleicht schon im richtigen Stockwerk. Interessanter ist es, wenn alle oder fast alle am falschen Ort sind und deshalb in ein anderes Stockwerk wollen.

Der Aufzug fährt immer im Erdgeschoß los. Er fährt rauf und runter und hält, wo jemand aus- oder einsteigen muß. Das geht so lange, bis jeder dort ist, wo er sein will. Anschließend kehrt der Aufzug ins Erdgeschoß zurück. Die Fahrt zwischen zwei benachbarten Stockwerken nennen wir eine Einheit. Das Problem besteht nun darin, einen Algorithmus zu finden, der die Leute mit einer minimalen Anzahl von Einheiten auf die gewünschten Stockwerke bringt. Das ist selbstverständlich äquivalent zur Forderung, daß der zurückgelegte Weg minimiert werden soll. Setzt man eine konstante Geschwindigkeit für den Aufzug an, so kann man auch die Fahrzeit minimieren. Wie Knuth bemerkt, entsprechen die Menschen den Daten, die vom Computer sortiert werden sollen. Das Gebäude entspricht einem Band, die Stockwerke sind Abschnitte auf dem Band, und der Aufzug ist das Gedächtnis des Computers. Ein Computer kann Daten duplizieren oder sie in kleinere Teile zerlegen, die er vorübergehend in verschiedenen Blöcken speichert. Es stellt sich jedoch heraus, daß ein raffinierter, von Richard M. Karp entdeckter Algorithmus seine Arbeit mit größter Effizienz tun kann, ohne daß der Aufzug einen seiner Passagiere verdoppeln oder in Teile zerlegen müßte.

Es sei K die Stockwerkszahl, u_K bezeichne die Anzahl der Personen, die in K oder einem darunterliegenden Stockwerk am falschen Platz sind (und über K hinaus nach oben wollen). d_K sei die Anzahl der Falschplazierten, die sich in K oder darüber befinden und die in ein Stockwerk unterhalb von K wollen. Nun heißt es logischerweise $u_K = d_{K+1}$. Nehmen wir beispielsweise $K = 3$. Dann besagt diese Gleichung, daß es in den Stockwerken 3, 2 und 1 ebensoviel Leute gibt, die weiter als zum dritten Stockwerk hinaufwollen, wie es Leute im vierten Stock und darüber gibt, die weiter als zum vierten Stockwerk nach unten wollen. (Es verhält sich hier wie beim alten Wein-und-Wasser-Problem. In einem vollständig besetzten Gebäude müssen die Leute, die aus dem unteren Teil des Gebäudes nach oben wollen, durch dieselbe Anzahl von Leuten, die nach unten wollen, kompensiert werden.) Sowohl u_n (das ist die Anzahl der Fehlplazierten im Dachgeschoß) als auch d_1 (Fehlplazierte im Erdgeschoß) ist gleich Null, denn selbstverständlich möchte niemand über das Dachgeschoß hinaus oder unter das Erdgeschoß hinunter.

Weil der Aufzug höchstens b Personen auf einmal aufnehmen kann, muß er mindestens $[u_K/b]$ Fahrten vom K-ten Stock in den unmittelbar darüber liegenden machen. Dabei bedeutet [ ], daß der Wert in der Klammer auf die nächstgrößere ganze Zahl aufgerundet wird. Zwischen dem K-ten Stock und dem unmittelbar darunterliegenden muß er aus den gleichen Gründen $[dK/b]$ Fahrten machen. Berechnen wir nun $[u_K/b]$ und $[d_K/b]$ für alle Stockwerke, so liefert uns die Summe dieser Zahlen die Minimalzahl von Fahrten, die der Aufzug machen muß, um jeden an den gewünschten Platz zu bringen. Karps Algorithmus erreicht diese Minimalzahl, falls u_K ungleich Null für alle $K < n$ ist und falls die Anzahl der Personen, die ein Stockwerk aufnehmen kann, niemals kleiner ist als das Fassungsvermögen des Aufzugs. Die Vorgehensweise verlangt weiter, daß der Aufzug immer entweder nach oben oder nach unten fährt (einen Zustand des bloßen Abwartens soll es nicht geben). Der Aufzug beginnt mit einer Fahrt nach oben und führt dann den folgenden Algorithmus so lange aus, bis jeder an seinem Platz ist:

1. Angenommen, der Aufzug fährt nach oben und jemand (im Fahrstuhl oder dort, wo er gerade hält) will nach oben. Dann besetzt man den Fahrstuhl mit denjenigen Personen, die am weitesten nach oben wollen. Die anderen bleiben zurück. Dann fährt man mit dem Aufzug zum nächsthöheren Stockwerk. Will niemand nach oben, ändert man die Richtung des Aufzugs.

2. Angenommen, der Aufzug fährt nach unten. Dann besetzt man ihn mit denjenigen Personen aus dem Fahrstuhl und dem jeweiligen Stockwerk, die am weitesten nach unten wollen. Anschließend läßt man den Aufzug ins darunterliegende Stockwerk fahren. Man ändert die Richtung des Aufzugs, falls es keine Fehlplazierten mehr in den tieferen Stockwerken gibt, die in das Stockwerk, wo der Aufzug jetzt steht, oder höher wollen.

Um uns diese Operationen etwas klarer zu machen, wollen wir ein Problem mit fünf Stockwerken betrachten (vergl. Abb. 40). In jeder Etage warten drei Personen. Jeder Person wird eine Zahl zugeordnet, die das Stockwerk angibt, in das sie will. Der leere Aufzug, der zur Rechten angedeutet ist, kann nur zwei Personen transportieren. Im vorliegenden Fall sind alle bis auf die eine Person im zweiten Stock falsch plaziert. Um den minimalen Fahrtweg des Aufzugs berechnen zu können, listen wir zuerst die Werte für u_K/b und d_K/b für jedes Stockwerk auf. Dann runden wir diese Werte auf (vergl. Abb. 40). Man beachte die Position der auftretenden Nullen und die Tatsache, daß die Abfolge der Werte für u_K/b sich in der Spalte für die Werte von d_K/b wiederholt. Nur beginnt sie ein Stockwerk höher. Diese Wieder-

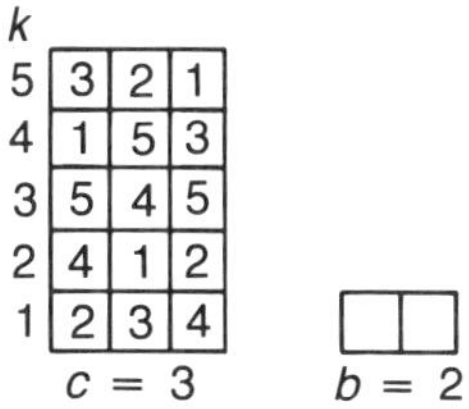

k		u_k/b	d_k/b	$[u_k/b]$	$[d_k/b]$
5	3 2 1	0	3/2	0	2
4	1 5 3	3/2	5/2	2	3
3	5 4 5	5/2	3/2	3	2
2	4 1 2	3/2	3/2	2	2
1	2 3 4	3/2	0	2	0
$c = 3$	$b = 2$			—	—
				9 + 9 = 18	

Abbildung 40: Das Aufzugsproblem in einem fünfstöckigen Gebäude

holung ergibt sich in allen derartigen Tabellen und ist eine Konsequenz der Gleichung $u_K = d_{K+1}$. Die Summe der aufgerundeten Werte ergibt 18. Dadurch wissen wir, daß der Aufzug mindestens 18 Einheiten braucht, um das Sortierproblem zu lösen und anschließend in das Erdgeschoß zurückzukehren. Die Abbildung 41 zeigt, was geschieht, wenn wir Karps Algorithmus anwenden. (Der letzte Schritt ist nicht dargestellt.) Man beachte, daß gelegentlich Leute in einem Stockwerk aussteigen müssen, in das sie gar nicht wollen. Manchmal schickt dieses System jemanden in eine Richtung, in die er überhaupt nicht will.»Das ist ihr Opfer für das Allgemeinwohl«, bemerkt Knuth hierzu.

Um ein Gefühl für die zielsichere Art zu entwickeln, mit der Karps Algorithmus die Probleme löst, sollte der Leser folgende Aufgabe bearbeiten: 45 Leute sind in einem neunstöckigen Haus mit einem Aufzug, der drei Personen faßt, zu»sortieren« (vergl. Abb. 42). Dabei ist zuerst die minimale Anzahl von benötigten Einheiten zu berechnen. Wenn man sich das Schema des Gebäudes aufzeichnet und Kärtchen mit entsprechenden Zahlen in die Räume legt, zeigt sich, wie einfach es ist, Karps Algorithmus anzuwenden. Natürlich lassen sich endlos viele analoge Aufgaben formulieren, indem man die Parameter K, c und b nach Belieben abwandelt und die Leute willkürlich im Gebäude verteilt.

Ergibt sich für eines oder mehrere Stockwerke der Wert $u_K = 0$ (was bedeutet, daß niemand, der sich in diesem Stockwerk oder in einem darunterliegenden befindet, über dieses Stockwerk hinaus will), und gilt für ein höher gelegenes Stockwerk $u_K > 0$, so zerfällt das Gebäude in mehrere unzusammenhängende Teile. Das gesuchte Minimum findet man, indem man jedes Gebiet separat gemäß Karps Algorithmus behandelt und dann die einzelnen Fahrpläne zusammenfügt.

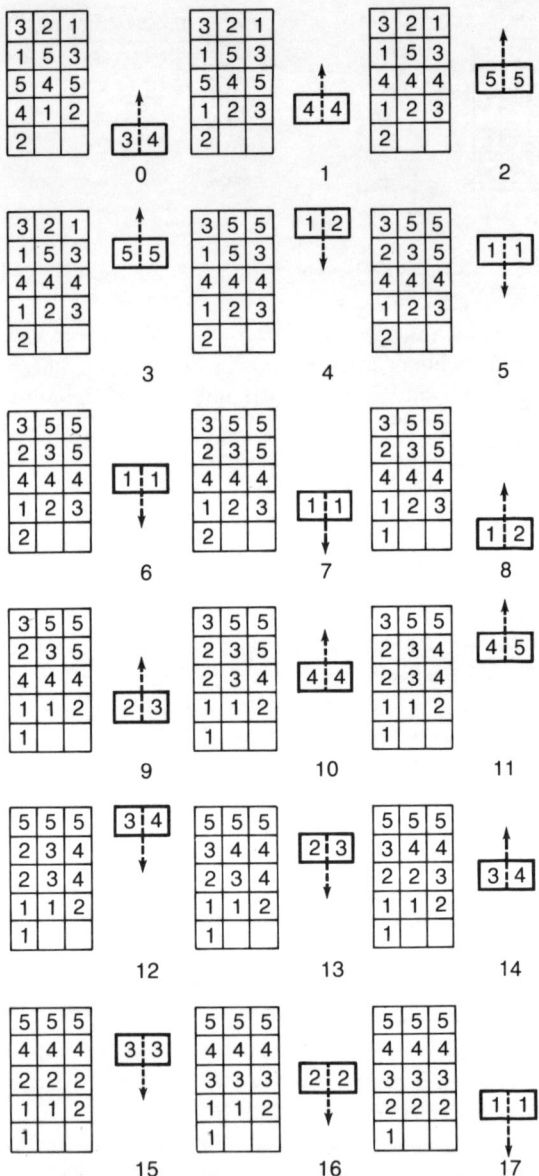

Abbildung 41: Der Algorithmus von Richard M. Karp

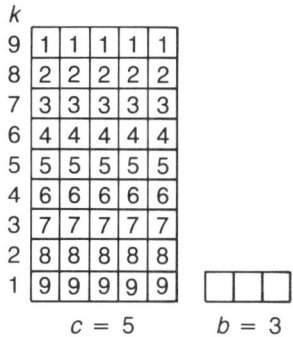

$$k$$

9	1	1	1	1	1
8	2	2	2	2	2
7	3	3	3	3	3
6	4	4	4	4	4
5	5	5	5	5	5
4	6	6	6	6	6
3	7	7	7	7	7
2	8	8	8	8	8
1	9	9	9	9	9

$$c = 5 \qquad b = 3$$

Abbildung 42: Ein Aufzugsproblem für ein neunstöckiges Gebäude

Dieses Verfahren vergrößert die Anzahl der Einheiten um das Doppelte der Anzahl der Stockwerke, die passiert werden müssen, obwohl für sie $u_K = 0$ gilt. Spielt man ein bißchen mit Gebäuden herum, die unter dem Dachgeschoß ein oder zwei Stockwerke mit $u_K = 0$ haben, so wird der Grund bald deutlich. Der Aufzug muß besondere Fahrten nach oben machen, um alle oberen abgeschnittenen Gebiete anzuschließen. Anschließend fährt er nach unten zurück.

Unser drittes Aufzugsproblem, das in Knuths drittem Band auf den Seiten 374 bis 376 diskutiert wird, beruht auf Resultaten von Robert W. Floyd, die er fand, als er sich mit effektiven Sortierverfahren für Daten auf Magnetplatten beschäftigte. Jetzt wollen wir nicht mehr den Abstand minimieren, sondern die Anzahl der Aufenthalte, die der Aufzug braucht, um seine Aufgabe zu erfüllen. Es gelang Floyd, eine nichttriviale untere Schranke zu finden. Dennoch ist kein Algorithmus bekannt, der das bestmögliche Ergebnis immer erreicht – es sei denn, man probiert alle möglichen Fahrpläne einfach aus.

Man betrachtet ein Gebäude, in dem die Anzahl der Stockwerke, die Anzahl der Menschen, die in ein Stockwerk wollen, und das Fassungsvermögen des Aufzugs gleich sechs sind (vergl. Abb. 43). Eine der Übungsaufgaben bei Knuth besteht nun darin, diese 36 Leute mit höchstens zwölf Aufenthalten unterzubringen. Der Aufzug soll im Erdgeschoß losfahren und auch dorthin wieder zurückkehren. Im Antwortteil werde ich Floyds Lösung vorführen.

Die Methode, mit der Floyd seine untere Schranke berechnet, ist zu schwierig, als daß sie hier dargestellt werden könnte. Im vorliegen-

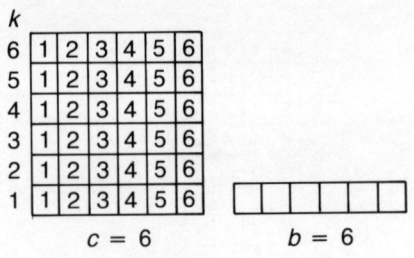

$$k$$

6	1	2	3	4	5	6
5	1	2	3	4	5	6
4	1	2	3	4	5	6
3	1	2	3	4	5	6
2	1	2	3	4	5	6
1	1	2	3	4	5	6

$$c = 6 \qquad\qquad b = 6$$

Abbildung 43: Das Aufzugsproblem von Robert W. Floyd

den Fall liefert sie aber die Zahl 10. Selbst in diesem einfachen Fall ist nicht bekannt, ob es tatsächlich eine Lösung mit 10 oder 11 Stops gibt. Natürlich soll dabei die Ausgangsposition nicht als »Halt« gerechnet werden. Die letzte Fahrt in das Erdgeschoß wird aber sehr wohl als Halt gerechnet.

Unsere letzte Aufgabe stammt aus dem japanischen Rätselbuch *Dialogue about Puzzles* (Tokyo, 1971 – eine englische Übersetzung gibt es nicht) von Kobon Fujimura und Michio Matsuda. Das dritte Kapitel ist einem Aufzugsproblem gewidmet, das eine bekannte Frage aus der Kodierungstheorie raffiniert verkleidet. In einem K-stöckigen Gebäude gibt es n Aufzüge. Jeder dieser Aufzüge hält im Erd- und im Dachgeschoß sowie auf m dazwischenliegenden Stockwerken. (Die Aufzüge halten immer auf denselben m Stockwerken.) Wir möchten die Minimalanzahl von Aufzügen bestimmen, mit deren Hilfe es einer Person möglich wird, von jedem beliebigen Stockwerk in jedes beliebige andere Stockwerk zu gelangen, ohne zwischendurch umsteigen zu müssen. Nehmen wir beispielsweise an, daß das Gebäude acht Stockwerke hat und daß jeder Aufzug außer im Erd- und im Dachgeschoß noch in drei weiteren Stockwerken hält. Die Abbildung 44 zeigt eine minimale Anordnung mit sechs Fahrstühlen, die es einer beliebig postierten Person ermöglicht, von jedem beliebigen Stockwerk direkt in jedes andere zu gelangen.

Als Einführung in diesen Problemkreis könnten sich die Leser an der folgenden Frage versuchen. Jeder Aufzug in einem zehnstöckigen Gebäude hält im Erd- und im Dachgeschoß sowie in vier weiteren Stockwerken. Wie groß ist die minimale Anzahl von Aufzügen, die es einer Person erlaubt, ohne umzusteigen, von jedem beliebigen Stockwerk in jedes beliebige andere Stockwerk zu fahren?

104

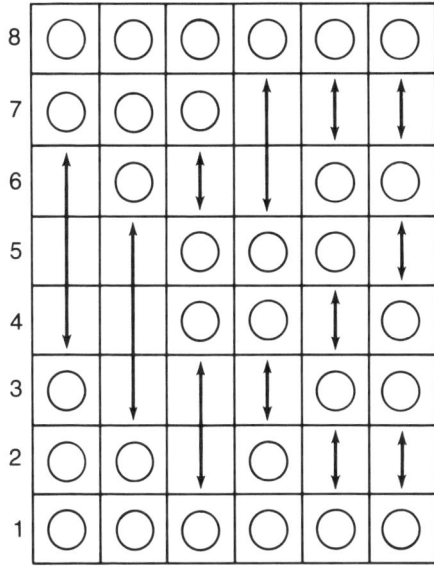

Abbildung 44: Japanisches Aufzugsproblem

Antworten

Der Algorithmus von Richard Karp braucht minimal 72 Schritte, um die 45 Leute in dem neunstöckigen Gebäude zu »sortieren«. Die Lösung des zweiten Aufzugproblems findet man als Antwort auf Übung 16 im Abschnitt 5.4.9 von Donald E. Knuths Buch *The Art of Computer Programming*, Band 3, *Sorting and Searching*. Die beste bislang bekannte Lösung braucht die 12 folgenden Schritte:

1.	123456 nach 2	7.	222444 nach 4
2.	112334 nach 3	8.	222222 nach 2
3.	224456 nach 4	9.	555666 nach 5
4.	135566 nach 2	10.	666666 nach 6
5.	112334 nach 6	11.	111333 nach 3
6.	224456 nach 2	12.	111111 nach 1

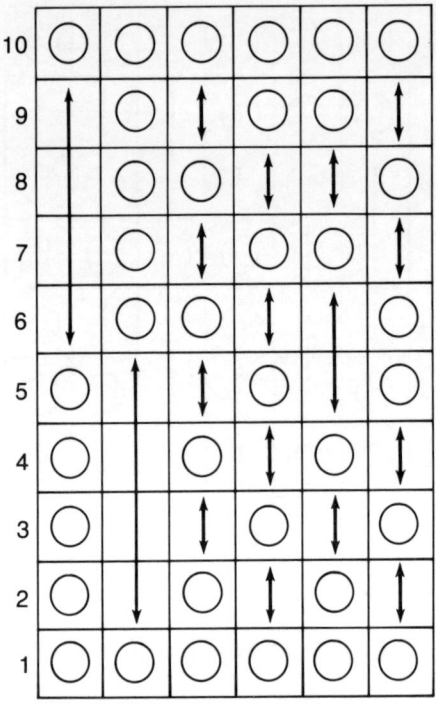

Abbildung 45: Eine Antwort zum Aufzugsproblem

Abbildung 45 zeigt die Lösung von Kobon Fujimuras Aufzugsproblem. Es ist eine verkleidete Version des altbekannten kombinatorischen Problems des Blockdesigns.

Ergänzungen

Eine Lösung des Aufzugsproblems von Robert Floyd in elf Zügen
wurde von so vielen Lesern gefunden, daß man sie unmöglich alle
hier aufzählen kann. Die meisten bewiesen zusätzlich, daß 11 das
Minimum ist. Ein Beispiel einer elfzügigen Lösung (dies ist nicht die
einzige) ist folgende:23 456 auf Stockwerk 2, 33 445 auf 3, 444 556 auf
4, 255 566 auf 5, 122 666 auf 2, 566 666 auf 6, 123 455 auf 5, 123 344
auf 4, 112 333 auf 3, 11 122 auf 2, 11 111 auf 1.

106

Solomon W. Golomb hat mir als erster seine elfzügige Lösung mitgeteilt. Später hat er mir ein 14seitiges Typoskript geschickt, in dem er die Aufgabe so konstruiert, daß die Anzahl der Stockwerke, die Anzahl der Menschen in jedem Stockwerk und das Fassungsvermögen des Aufzugs alle gleich derselben Zahl K sind. Wie er und andere bewiesen haben, läßt sich eine Lösung mit $2K-2$ Schritten (die sogar dann minimal ist, wenn die Kapazität des Aufzugs unbeschränkt ist) nur dann erreichen, wenn K kleiner als 5 ist. Ist K größer als 4, so ist $2K-1$ die untere Schranke. Die von Floyd angegebene untere Schranke zeigt, daß $2K-1$ unerreichbar ist, falls K größer/gleich 14 ist.

Allen J. Schwenk hat mich brieflich darauf aufmerksam gemacht, daß man das Problem von Kobon auch graphentheoretisch lösen kann. Man stellt es durch einen vollständigen Graphen mit K Ecken dar, wobei K die Anzahl der Stockwerke zwischen Dach- und Erdgeschoß bezeichnet. Einem Aufzug, der auf m dieser K Stockwerke anhält, entspricht ein Untergraph. Schwenk zeigte, daß eine untere Schranke für die Minimalanzahl von Aufzügen, die ein derartiges Problem lösen, durch die Formel

$$\left\lceil \frac{K}{m} \left\lceil \frac{K-1}{m-1} \right\rceil \right\rceil$$

gegeben wird.

Unglücklicherweise ist diese untere Schranke nicht immer zu erreichen. Ist beispielsweise $K = 7$ (insgesamt gibt es dann 9 Stockwerke) und $m = 4$, so liefert die Formel 4 Aufzüge als untere Schranke. Tatsächlich sind aber 5 Aufzüge erforderlich. Vermutlich ist es so – man vergleiche hierzu den Aufsatz von Fujimura, der in der Bibliographie genannt wird –, daß die Anzahl der Aufzüge entweder gleich oder um eins größer ist als die von der Formel gelieferte Zahl.

7
Der Wurm auf dem Gummifaden und weitere Rätsel

Der Wurm auf dem Gummifaden Ein Wurm befindet sich auf dem einen Ende eines Gummifadens, der sich unendlich dehnen läßt (vergl. Abb. 46). Anfänglich ist der Faden einen Kilometer lang. Der Wurm kriecht den Faden in Richtung des anderen Endes entlang und entwickelt dabei eine konstante Geschwindigkeit von einem Zentimeter pro Sekunde. Jedesmal wenn eine Sekunde vergangen ist, wird der Faden schlagartig um einen Kilometer länger gezogen. Also hat der Wurm nach der ersten Sekunde einen Zentimeter zurückgelegt, während die Länge des Fadens jetzt zwei Kilometer beträgt. Nach der zweiten Sekunde hat der Wurm einen weiteren Zentimeter hinter sich gebracht; der Faden ist nun drei Kilometer lang. Und so weiter.

Das Dehnen des Fadens geschieht uniform, wie das bei Gummifäden der Fall ist. Nur der Faden wird gestreckt; alle Zeit- und Längeneinheiten bleiben unverändert. Wir denken uns einen idealen, punktförmigen und unsterblichen Wurm und einen idealen Faden, der sich unbegrenzt dehnen läßt.

Erreicht der Wurm jemals das Ende des Fadens? Falls der Leser meint, die Antwort sei ja, möge er bitte schätzen, wie lange die Reise des Wurmes dauert und wie lang dann der Faden sein wird. Dieses ansprechende Problem, das an die Paradoxien des Zenon erinnert, wurde von Pierre Berloquin im Dezember 1972 in seiner interessanten Rätselecke in der französischen Monatszeitschrift *Science et Vie* vorgestellt.

Das Zahlenwahlspiel Zwei Mathematiker sitzen zusammen beim Bier. Nachdem beide ein weiteres Glas bestellt haben, vereinbaren sie, daß derjenige die Runde bezahlen soll, der das folgende Spiel gewinnt. Beide schreiben eine natürliche Zahl auf ein Stück Papier.

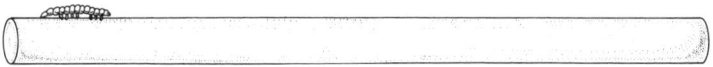

Abbildung 46: Ein Wurm, der auf einem Gummifaden entlangkriecht, der immer länger wird

Dann vergleichen sie ihre Zettel. Derjenige, der die größere Zahl notiert hat, muß die Runde bezahlen, es sei denn, die größere Zahl ist nur um eins größer als die kleinere. In diesem Fall muß derjenige, der die kleinere Zahl aufgeschrieben hat, die fragliche Runde sowie die nachfolgende bezahlen. Sollten beide Spieler dieselbe Zahl gewählt haben, wird noch einmal gespielt.

Man kann das Spiel auch so beschreiben: Die Person, die die kleinere Zahl notiert hat, bekommt einen Punkt. Als einzige Ausnahme gilt, daß die kleinere Zahl um genau eins kleiner ist als die größere. Dann bekommt der andere Spieler zwei Punkte. Lauten die beiden Zahlen beispielsweise 12 und 20, so gewinnt die 12 einen Punkt. Sind die beiden Zahlen aber 12 und 13, so gewinnt die 13 zwei Punkte.

Dieses Spiel ist fair. Es stellen sich aber zwei Fragen: Welche Strategie ist die beste (in dem Sinn, daß keine andere Strategie diese Strategie auf lange Sicht schlagen kann) und – falls eine andere Strategie verfolgt wird – wie lautet deren Widerlegung? Die Antwort wird Sie verblüffen. Ich verfüge hier nicht über genügend Raum, um die notwendigen Beweise zu führen, werde aber Literaturhinweise für Beweise und Strategien angeben. Das Spiel stammt von N. S. Mendelsohn und Irving Kaplansky.

Die drei Kreise Man zeichnet drei disjunkte, verschieden große Kreise auf ein Blatt Papier. Dann trägt man die paarweisen gemeinsamen Tangenten an diese Kreise ein. Falls der Leser den folgenden wunderschönen Satz noch nicht gesehen hat, wird er vielleicht erstaunt sein, daß die Schnittpunkte der drei Tangentenpaare auf einer Geraden liegen (vergl. Abb. 47).

Erwartungsgemäß ist es so, daß man diesen Satz durch Verwendung von Hilfslinien auf vielerlei Arten beweisen kann. Die Zeitschrift *Popular Computing* berichtete jedoch in ihrer Ausgabe vom Dezember 1974, daß der Satz selbst zu einer eleganten Lösung führt, wenn man

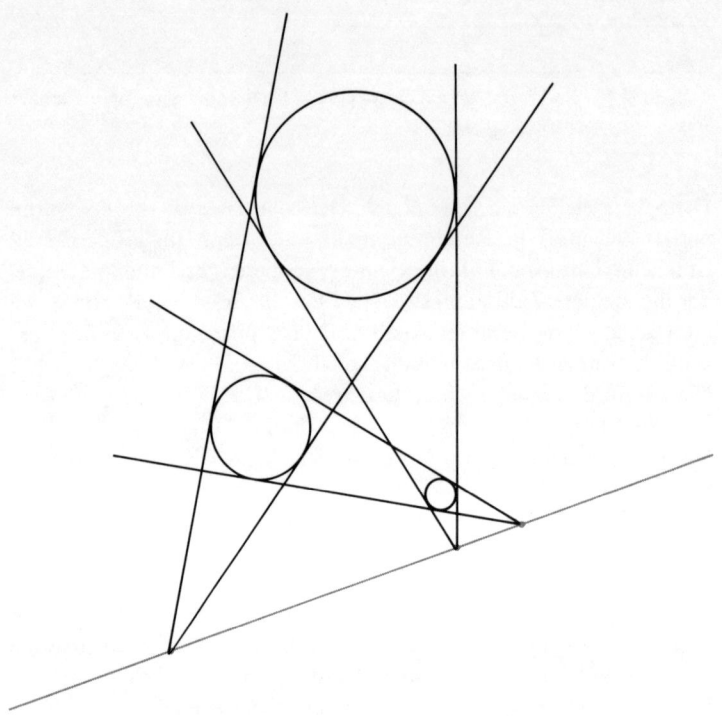

Abbildung 47: Das Drei-Kreise-Problem

bereit ist, die zweidimensionale Ebene zugunsten ihrer dreidimensionalen Erweiterung zu verlassen. Unter Berufung auf ein früher erschienenes Buch, in dem das Problem geschildert wird, berichten die Herausgeber der Zeitschrift folgende Begebenheit: Als man den Satz dem 1916 verstorbenen John Edson Sweet, einem Professor der Ingenieurwissenschaften an der Cornell Universität, zeigte, betrachtete er das Bild einige Augenblicke und sagte dann: »Das ist vollkommen evident.«
Wie sah die anmutige Lösung von Professor Sweet aus?

Das beschädigte Partieformular   Abbildung 48 zeigt das Partieformular einer Schachpartie, die 1897 in einem deutschen Schachklub gespielt worden ist. Eine Zigarre oder eine Zigarette hat, wie

110

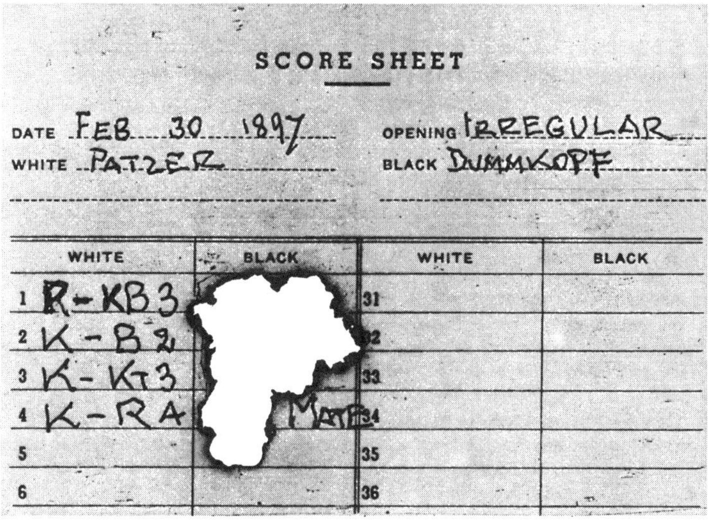

SCORE SHEET

DATE FEB. 30. 1897   OPENING IRREGULAR

WHITE PATZER   BLACK DUMMKOPF

WHITE	BLACK		WHITE	BLACK
1 R-KB3		31		
2 K-B2		32		
3 K-Kt3		33		
4 K-RA	MATE	34		
5		35		
6		36		

Abbildung 48: Die Züge von Weiß bedeuten für den deutschen Schachspieler: 1. f2-f3; 2. Ke1-f2; 3. Kf2-g3; 4. Kg3-h4. Wie lauteten die Züge von Schwarz?

leicht zu erkennen, ein Loch in das Papier gebrannt, so daß die Züge von Schwarz, die mit seinem vierten Zuge zum Sieg führten, ausgelöscht wurden. Kann der Leser das Spiel rekonstruieren? Ich möchte Randolph W. Banner aus Newport Beach in Kalifornien danken. Er hat das Problem in einer englischen Zeitschrift aus den zwanziger Jahren gefunden.

Selbstzahlen   D. R. Kaprekar ist ein Mathematiker von kleinem körperlichem Wuchs, aber großem Geist und Herz. Er lebt in Indien und schreibt seit mehr als vierzig Jahren höchst originelle Beiträge zur Unterhaltungsmathematik, insbesondere zur Zahlentheorie. Er veröffentlicht regelmäßig in indischen mathematischen Zeitschriften, hält Vorträge auf Konferenzen und hat etwa zwei Dutzend Bücher veröffentlicht.

Die außerhalb Indiens bekannteste Entdeckung von Kaprekar ist die vor mehr als zwanzig Jahren von ihm gefundene »Kaprekar-Konstante«. Man beginnt mit einer vierstelligen Zahl, deren Ziffern nicht alle übereinstimmen. Dann ordnet man die Ziffern in absteigender

111

Reihenfolge, dreht die so entstandene Zahl um (das heißt, man stellt die letzte Ziffer nach vorn und so weiter) und subtrahiert das Ergebnis von der Ausgangszahl. Führt man dieses Verfahren mit der Differenz wieder durch (eventuell mehrmals), so gelangt man in spätestens acht Schritten zur Kaprekar-Konstanten 6174. Sie erzeugt sich bei dem geschilderten Verfahren selbst. Beispiel: Beginnt man mit 2111, so muß man 1112 subtrahieren. Das ergibt 0999 als Differenz. Ordnet man diese Ziffern um, so erhält man 9990, wovon 0999 abzuziehen ist, und so weiter. Denken Sie daran, immer die Nullen zu berücksichtigen.

Wir wollen uns jetzt mit einer bemerkenswerten Klasse von Zahlen beschäftigen, die 1949 von Kaprekar entdeckt worden ist und die er Selbstzahlen nannte. Kaprekar hat viele Arbeiten über diese Zahlen geschrieben. Anscheinend sind sie außerhalb Indiens unbekannt, obwohl sie unter einem anderen Namen in einem Artikel im *American Mathematical Monthly* (April 1974, S. 407) einmal kurz auftauchten. Dieser Artikel enthält einen Beweis dafür, daß es unendlich viele Selbstzahlen gibt.

Will man erklären, was Selbstzahlen sind, beginnt man mit einem Verfahren, daß Kaprekar Digitadition* getauft hat. Man benutzt eine beliebige natürliche Zahl und addiert sie zur Quersumme. Nimmt man beispielsweise 47, so ist die Summe von 4 und 7 gleich 11 und 47 plus 11 ergibt 58. Die neue Zahl 58 wird erzeugte Zahl genannt. Die Ausgangszahl 47 heißt erzeugende Zahl. Dieses Verfahren kann beliebig lange fortgeführt werden. Es liefert die Digitaditionsfolge 47, 58, 71, 79, 95, ...

Bis jetzt ist es noch niemandem gelungen, eine nichtrekursive Formel für die Partialsummen einer Digitaditionsfolge zu finden, deren erstes und letztes Glied gegeben sein sollen. Allerdings ist eine einfache Formel bekannt, die die Summe aller Ziffern einer Digitaditionsfolge angibt: Man zieht einfach die erste Zahl von der letzten ab und addiert die Quersumme der letzten Zahl. »Ist das nicht ein wundervolles neues Resultat?« fragt Kaprekar in einem seiner Bücher. »Der Beweis dieser Regel ist ganz einfach; ich habe ihn vollständig ausgeführt. Sobald man aber den Beweis sieht, geht der ganze Charme des Verfahrens verloren, weshalb ich den Beweis hier nicht wiedergeben möchte.«

* Vermutlich nach »digit – addition« = Ziffernaddition gebildet. A. d. Ü.

Kann eine erzeugte Zahl zu mehr als einer erzeugenden Zahl gehören? Ja, das ist möglich, allerdings erst bei Zahlen über 100. Die kleinste derartige Zahl (Kaprekar nennt solche Zahlen Kreuzungszahlen) ist 101. Dazu gehören die beiden Erzeuger 91 und 100. Die kleinste Kreuzungszahl, die zu drei erzeugenden Zahlen gehört, ist 10 000 000 000 001. Die zugehörigen Erzeuger lauten: 10 000 000 000 000, 9 999 999 999 901 und 9 999 999 999 892. Die kleinste Zahl, die vier Erzeuger besitzt, wurde von Kaprekar am 7. Juni 1961 entdeckt und hat fünfundzwanzig Stellen. Sie besteht aus einer 1, der einundzwanzig Nullen sowie die Ziffern 102 folgen. Kaprekar hat später auch die kleinsten Zahlen mit fünf und sechs Erzeugern gefunden.

Eine Selbstzahl ist einfach eine Zahl, die keine erzeugende Zahl besitzt. Kaprekar nennt solche Zahlen »selbsterzeugt«. Es gibt unendlich viele dieser Zahlen; allerdings sind sie wesentlich seltener als die erzeugten Zahlen. Unter 100 gibt es dreizehn Selbstzahlen: 1, 3, 5, 7, 9, 20, 31, 42, 53, 64, 75, 86 und 97. Selbstzahlen, die zudem prim sind, heißen Selbstprimzahlen. Die bekannte zyklische Zahl 142 857 ist eine Selbstzahl (man multipliziert sie mit den Zahlen 1 bis 6: Dann erhält man immer dieselben sechs Ziffern in der gleichen zyklischen Ordnung). Die Zahlen 11 111 111 111 111 111 und 3 333 333 333 sind ebenfalls Selbstzahlen. In unserem Jahrhundert gab es einige Jahre, deren Jahreszahl eine Selbstzahl war: 1906, 1917, 1919, 1930, 1941, 1952, 1963 und 1974.

Man betrachte die Potenzen von zehn. Die Zahl 10 wird von 5 erzeugt, 100 von 86, 1 000 von 977, 10 000 von 9 968 und 100 000 von 99 959. Warum sind Millionäre so wichtige Leute? Weil, so antwortet Kaprekar, 1 000 000 eine Selbstzahl ist! Die nächstgrößere Potenz von zehn, die eine Selbstzahl ist, heißt 10^{16}.

Bislang ist es noch niemandem gelungen, eine nichtrekursive Formel zu finden, die alle Selbstzahlen erzeugt. Kaprekar hat aber einen einfachen Algorithmus entwickelt, mit dessen Hilfe man jede beliebige Zahl daraufhin prüfen kann, ob sie eine Selbstzahl ist oder ob sie erzeugt ist. Der Leser sollte versuchen, dieses Verfahren selbst zu entwickeln. Falls ihm das gelingt, wird es ihm nicht schwerfallen, die folgende Frage zu beantworten: Welches ist die auf 1 974 folgende Selbstzahl?

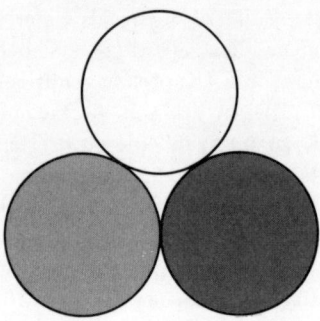

Abbildung 49: Ein Kartenfärbungsproblem, dargestellt mit Spielmarken

Bunte Spielmarken   Welches ist die kleinste Anzahl von Spielmarken, die man auf eine ebene Fläche legen kann, so daß man
Marken mit drei verschiedenen Farben braucht, um folgende Bedin-
gung zu erfüllen: Immer wenn sich zwei Spielmarken gegenseitig
berühren, sollen diese verschiedene Farben haben. Aus Abbildung
49 entnimmt man die offenkundige Antwort drei.

Unser Problem hier besteht darin, die kleinste Anzahl von Spielsteinen zu bestimmen, die alle dieselbe Größe haben sollen, und die man
flach in die Ebene legen kann, so daß nicht drei, sondern vier Farben
notwendig sind, um zu garantieren, daß kein Paar sich berührender
Steine dieselbe Farbe hat.

Rollende Würfel   Für dieses wunderschöne, von John Harris aus
Santa Barbara in Kalifornien erfundene kombinatorische Rätsel
braucht man acht Einheitswürfel. Auf jedem Würfel malt man eine
Seitenfläche farbig und die ihr diametral gegenüberliegende Seite
schwarz an. (Natürlich kann man die beiden Flächen auch anders
unterscheiden.) Dann legt man die Würfel in eine flache 3mal3-
Schachtel (oder auf eine 3mal3-Matrix), wobei das mittlere Feld
freibleiben soll und alle Würfel mit ihrer schwarzen Seite nach oben
liegen sollen (vergl. Abb. 50).

Ein Zug in diesem Spiel heißt, daß man einen der Würfel über eine
der Kanten seiner Grundfläche auf einen leeren Platz abrollt, wobei
der Würfel eine Vierteldrehung ausführt. Die Aufgabe besteht nun
darin, alle acht Würfel so umzudrehen, daß die farbigen Seitenflä-
chen oben liegen. Im Endzustand soll das Mittelfeld wieder wie

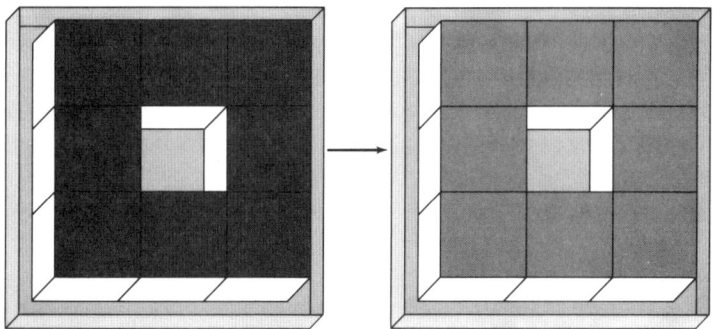

Abbildung 50: Das Rätsel der rollenden Würfel

anfänglich leer sein. Die Aufgabe soll mit möglichst wenigen Zügen bewältigt werden. Um die Lösung aufzunotieren, empfiehlt es sich, folgende Abkürzungen zu benützen: U für nach oben rollen, D für nach unten rollen, L für nach links rollen und R für nach rechts rollen. Man beginne mit URD. (Alle anderen Anfänge führen zu symmetrischen Lösungen.)

Antworten

Der Wurm auf dem Gummifaden Unabhängig von den Werten der Parameter (wie die anfängliche Länge des Gummifadens, Geschwindigkeit des Wurmes, Dehnung des Gummifadens pro Zeiteinheit) erreicht der Wurm das Ende des Fadens in einer endlichen Zeitspanne. Das gilt sogar dann noch, wenn die Dehnung kontinuierlich in gleichmäßigen Zuwächsen erfolgt. Allerdings läßt sich der Fall der Dehnung in diskreten Schritten einfacher analysieren.

Man könnte meinen, daß man sehen kann, wie der Wurm das Ende erreichen kann. Weil sich der Faden wie ein Gummiband gleichmäßig dehnt, entspricht der Dehnung der Fall, daß man den Faden mit Linsen zunehmender Vergrößerungskraft betrachtet. Da sich der Wurm ständig vorwärts bewegt, muß er doch das Ende erreichen – oder nicht? Nein, das ist nicht unbedingt so. Man kann sich einem Ziel immer mehr nähern, ohne es jemals zu erreichen. Die Fortschritte des Wurmes entsprechen immer kleiner werdenden Bruchteilen der Fadenlänge. Die sich so ergebende Reihe kann unendlich sein und dennoch gegen einen Punkt kurz vor dem Ende des Fadens

115

konvergieren. Das tritt in der Tat ein, wenn sich die Länge des Fadens nach jeder Sekunde verdoppelt. Unser Wurm jedoch schafft es. Ein Kilometer sind 100 000 Zentimeter. Deshalb hat der Wurm am Ende der ersten Sekunde $\frac{1}{100000}$ der Fadenlänge zurückgelegt. Während der nächsten Sekunde bewältigt der Wurm, ausgehend von dem soeben erreichten Punkt nach der Dehnung, $\frac{1}{200000}$ der Fadenlänge (wobei sich der Faden auf zwei Kilometer Länge gedehnt hat). In der nächsten Sekunde schafft der Wurm $\frac{1}{300000}$ der Fadenlände (die nun drei Kilometer beträgt). Und so geht es weiter. Der Weg, den der Wurm hinter sich bringt, läßt sich mit Hilfe von Bruchteilen der Fadenlänge folgendermaßen ausdrükken:

$$\frac{1}{100000} \left(1 + \frac{1}{2} + \frac{1}{3} + \frac{1}{4} + \frac{1}{5} + \dots + \frac{1}{n} \right)$$

Die Reihe, die in der Klammer steht, ist die altbekannte harmonische Reihe. Diese divergiert, kann also beliebig große Partialsummen annehmen. Die Partialsummen der harmonischen Reihe sind niemals natürliche Zahlen. Sobald man aber die 100 000 erreicht hat, überschreitet der obige Ausdruck den Wert 1, das wiederum bedeutet, daß der Wurm das Ende des Fadens erreicht hat. Die Anzahl n der Summanden, die in dem entsprechenden Teil der harmonischen Reihe auftreten, ist gleich der Anzahl der Sekunden, die der Wurm unterwegs ist. Weil der Wurm einen Zentimeter pro Sekunde zurücklegt, ist diese Zahl auch gleich der Endlänge des Fadens in Kilometern.

Diese enorm große Zahl lautet (auf eine Minute genau)

$$e^{100\,0000 - \gamma} \pm 1$$

Dabei ist γ die Konstante von Euler-Mascheroni. Diese Zahl führt auf eine Fadenlänge, die den Durchmesser des uns bekannten Universums erheblich übertrifft, und zu einer Zeitspanne, die um ein Vielfaches größer ist, als das Alter des Universums nach neuesten Schätzungen. (Eine Herleitung der obigen Formel findet sich in »Partial Sums of a Harmonic Series«, von R. P. Boas, Jr. und J. W. Wrench, Jr., in *American Mathematical Monthly*, Bd. 78, Oktober 1971, S. 864–870).

Eine Vorstellung von der Länge, die der Faden in dem Moment hat, in dem der Wurm das Ende erreicht, kann man anhand einer Beobachtung meines Lesers H. E. Rorschach gewinnen: Hatte der Faden am Anfang eine Querschnittsfläche von einem Quadratkilometer, so besteht er am Schluß nur noch aus einer einzigen Schnur von Atomen, die durch Zwischenräume voneinander getrennt sind, die ein Mehrfaches des Durchmessers des uns bekannten Universums betragen.

Das Zahlenwahlspiel   Man kann es kaum glauben, aber es ist dennoch wahr: Die beste Strategie beim Zahlenauswahlspiel besteht darin, daß man sich auf die Zahlen 1, 2, 3, 4 und 5 beschränkt. Ansonsten erfolgen die Wahlen willkürlich, mit den folgenden Häufigkeiten: $\frac{1}{16}$ für die Zahlen 1 und 5, $\frac{4}{16}$ für die Zahl 3 und $\frac{5}{16}$ für die Zahlen 2 und 4. Man könnte einen Kreisel konstruieren, der die Zahlen gemäß dieser Häufigkeiten auswählt.

Einen Beweis dafür, daß dies die beste Strategie ist, findet man in »Psychological Game« von N. S. Mendelsohn (*American Mathematical Monthly*, Bd. 53, Februar 1946, S. 86–88) und auf den Seiten 212 bis 215 in dem Buch *Matters Mathematical* von I. N. Herstein und I. Kaplansky (Harper & Row, 1974).

In einem Brief hat mir Walter Stromquist empfohlen, ein Paar von Würfeln folgendermaßen zu verwenden: »Nach ein paar Bieren wird niemand mehr von Ihnen erwarten, daß Sie noch zwischen den Zahlen fünf und sechs unterscheiden können. Falls also eine dieser Zahlen auf einem der Würfel fällt, muß man nochmals würfeln. Weil man so nur $\frac{2}{3}$ jedes Würfels wirklich benützt, ist es nur natürlich, die Gesamtsumme, bevor man sie aufschreibt, noch mit $\frac{2}{3}$ zu multiplizieren, wobei man alle gebrochenen Anteile unter den Tisch fallen läßt. So ist beispielsweise die größte Zahl, die man mit zwei Würfeln bei einmaligem Werfen erzielen kann, die 8. Deshalb ist die größte Zahl, die man überhaupt wählen kann, gleich $\frac{2}{3}$ von 8, was (runde) 5 macht. Innerhalb von 16 Spielen sind folgende Häufigkeiten für die Wahlen zu erwarten: 1 einmal, 2 fünfmal, 3 viermal, 4 fünfmal und 5 einmal.« Das entspricht, gemäß der besten Strategie, genau den geforderten Häufigkeiten.

Die drei Kreise John Edson Sweets Lösung für das Problem der drei Kreise findet sich in der Antwort zu Problem Nummer 62 aus dem Buch *Ingenious Mathematical Problems and Methods* von L. A. Graham, das 1959 bei Dover erschienen ist. Wir wollen uns vorstellen, daß wir anstatt auf Kreise auf drei ungleiche Kugeloberflächen (von oben) herunterblicken. Die paarweisen Tangenten an die Kugeln bilden dann die Kanten von drei Kegeln, in die die beiden Kugeloberflächen jeweils glatt hineinpassen. Die Kegel liegen auf der Ebene, die auch die Kugeln trägt. Deshalb liegen die Spitzen der Kegel ebenfalls in der Ebene. Nun stelle man sich vor, eine ebene Platte werde auf die drei Kugeln gelegt. Die Unterseite der Platte ist dann eine Ebene, die alle drei Bälle berührt. Weiter liegt sie tangential zu allen Kegeln. Auch diese zweite Ebene enthält alle drei Spitzen der Kegel. Weil die Spitzen in beiden Ebenen liegen, müssen sie in deren Durchschnitt liegen. Dieser Durchschnitt ist natürlich eine Gerade.

C. Stanley Ogilvy hat mir geschrieben, daß er das Drei-Kreise-Problem in sein Buch *Excursions in Geometry* (Oxford University Press, 1969) aufgenommen habe. Auch Ogilvy nahm ursprünglich an, daß der Beweis mit Hilfe der Kegel alle Sonderfälle berücksichtige. Allerdings wies ihn ein Student, nachdem er das Problem seiner Klasse am Hamilton College gestellt hatte, darauf hin, daß der Beweis nicht den Fall abdeckt, daß sich eine kleine Kugel zwischen zwei größeren Kugeln befindet. In derartigen Fällen können die beiden sich schneidenden Ebenen nicht zugleich an allen drei Kugeln tangential sein.

Viele Leser haben andere Beweise für den Satz eingesandt. Bernard F. Burke, Richard I. Felver, Clyde E. Holvenstot, David B. Shear und Radu Vero haben vorgeschlagen, die Zeichnung umzudrehen, so daß die Gerade (auf der die Schnittpunkte der Tangentenpaare liegen) horizontal oberhalb der Kreise verläuft. Dann kann man sich vorstellen, die Kreise seien gleichgroße Kugeln, die innerhalb von drei sich schneidenden Schläuchen liegen, deren kreisförmige Querschnittsflächen alle gleich groß sind und die perspektivisch gesehen werden.* Weil die Schläuche alle auf einer Ebene liegen müssen, besitzen ihre parallelen Seiten, perspektivisch gesehen, alle einen Fernpunkt auf der Horizontlinie.

---

* Die Tangenten werden dann zu parallelen Seitenlinien der Schläuche.

Es ist nicht unbedingt nötig, daß die Kreise disjunkt sind. Tatsächlich läßt sich der Satz in allgemeinerer Art und Weise aussprechen. Dann geht es um »Ähnlichkeitszentren« von Kreisen, die ganz ineinander liegen, und nicht mehr um Tangenten. Ich verdanke dieses Wissen Donald Kerr. Kerr hat mich auch darauf hingewiesen, daß dieser Satz als »Satz von Monge« bekannt ist, nach dem französischen Mathematiker und Freund Napoleons Gaspard Monge. R. C. Archibald hat in *The American Mathematical Monthly* (Bd. 22, 1915, S. 65) diesen Satz bis zu den alten Griechen zurückverfolgt (berichtet Keeler). Daniel Sleatur hat ein Analogon des Satzes mit vier Kugeln im Raum gefunden. Die Spitzen der drei zu jeweils einem der vier Tripel von Kugeln gehörigen Kegel liegen auf einer Geraden. Weil sich diese vier Geraden in insgesamt sechs Punkten schneiden, müssen die vier Geraden alle in einer Ebene liegen. Deshalb liegen die Spitzen der sechs Kegel alle in einer Ebene. Der Satz läßt sich auf den Euklidischen Raum höherer Dimensionen verallgemeinern. (Man vergleiche hierzu »Monge's Theorem in Many Dimensions« von Richard Walker in *The Mathematical Gazette*, Bd. 60, Okt. 1976, S. 185–188.)

Der Satz von Monge, bezogen auf drei Kreise in der Ebene, findet Erwähnung in Herbert Spencers Autobiographie und stellt, so Spencer, »eine Wahrheit dar, über die ich niemals nachdenken kann, ohne von ihrer Schönheit beeindruckt zu sein. Gleichzeitig ruft sie in mir das Gefühl der Verwunderung und der Ehrfurcht hervor: Die Tatsache, daß scheinbar unzusammenhängende Kreise durch dieses Gebilde von Relationen zusammengehalten werden, erscheint mir wahrhaft unbegreiflich.«

Das beschädigte Partieformular Die ausgetilgte Schachpartie
sieht so aus:

1.	f2 - f3	e7 - e5(oder e6)	
2.	Ke1 - f2	Dd8 - f6	
3.	Kf2 - g3	Df6 × f3 +	(Schach)
4.	Kg3 - h4	Lf8 - e7	(Matt)

Selbstzahlen   Die von D. R. Kaprekar entwickelte Methode, mit der er testet, ob eine vorgelegte Zahl N eine Selbstzahl ist oder nicht, verläuft folgendermaßen: Man bildet die iterierte Quersumme von N, indem man die Ziffern von N addiert und dies so lange wiederholt, bis sich eine einstellige Zahl ergibt. Ist das Ergebnis ungerade, so addiert man 9 und dividiert das Ergebnis durch 2. Ist das Ergebnis gerade, so teilt man einfach durch 2. In beiden Fällen finden wir ein Resultat, das wir C nennen wollen.

Nun subtrahiert man C von N. Dann prüft man, ob das Ergebnis die Zahl N erzeugt oder nicht. Stellt sich heraus, daß die Differenz die Zahl N nicht in k Schritten erzeugt, wobei k die Anzahl der Ziffern von N sein soll, so ist N eine Selbstzahl.

Als Beispiel wollen wir die Zahl 1 975 testen. Die iterierte Quersumme von 1 975 ist 4, also eine gerade Zahl. Dividieren wir 4 durch 2, so erhalten wir für C den Wert 2. 1 975 minus 2 ist 1 973, was kein Erzeuger für 1 975 ist. 1 973 minus 9 ist 1 964. Auch das ist kein Erzeuger. Aber 1 964 minus 9 ist 1 955. Diese Zahl ergibt, addiert man ihre Quersumme 20, gerade 1 975, also ist 1 975 eine erzeugte Zahl. Weil 1975 vier Stellen besitzt, hätten wir nur noch einen Schritt weiter gehen müssen, um die vorgelegte Frage zu entscheiden (hätten wir sie nicht schon zuvor positiv entschieden). Mit Hilfe dieses einfachen Verfahrens ist es nicht schwierig herauszufinden, daß die nächste Selbstzahl nach 1 974 die Zahl 1 985 ist. In unserem Jahrhundert wird es nur noch eine weitere Selbstzahl geben: 1 996.

Über Fortschritte, die man bei der Suche nach einer nichtrekursiven Formel für die Summe einer Digitaditionsreihe gemacht hat, berichtet »The Sum of a Digitadition Series« von Kenneth B. Stolarsky (*Proceedings of the American Mathematical Society*, Bd. 59, August 1976, S. 1–5). Die erste Belegstelle, die in diesem Artikel zur Digitadition angeführt wird, ist ein 1906 in Frankreich erschienener Artikel.

Bunte Spielmarken   Es ist einfach zu beweisen, daß das Muster aus elf Kreisen, das in Abbildung 51 zu sehen ist, mindestens vier Farben erfordert, um sicherzustellen, daß sich nicht zwei Kreise gleicher Farbe berühren. Angenommen, drei Farben würden genügen: Dann färbt man, wie in der Abbildung zu sehen, die Kreise 1, 2 und 3 mit den Farben A, B und C. Das legt die Farben für 4, 5 und 6

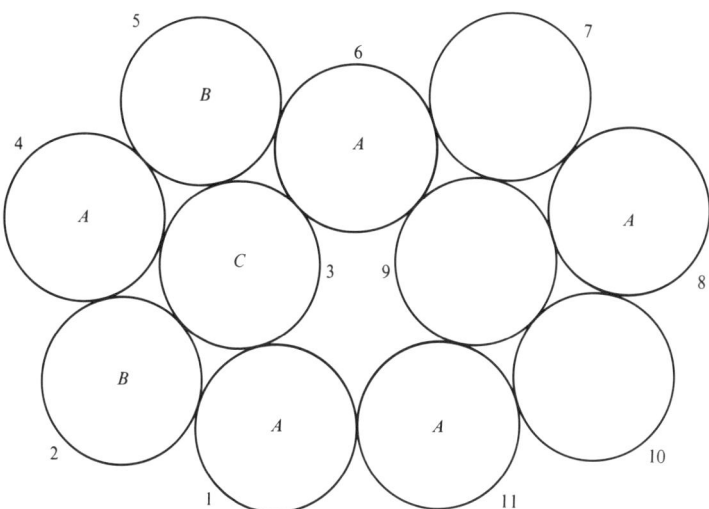

Abbildung 51: Lösung des Spielmarkenproblems

fest. Den Kreis Nummer 7 können wir auf zweierlei Art einfärben. Aber in beiden Fällen gilt, daß der Kreis 11 dieselbe Farbe bekommen muß wie der Kreis 1, den er berührt. Deshalb genügen drei Farben nicht.

Eine Reihe von Lesern hat Beweise dafür geschickt, daß 11 die Minimalanzahl von Kreisen ist, die tatsächlich vier Farben erfordern. Ein Beweis, der von Allen J. Schwenk stammt, wurde in *The American Mathematical Monthly* (Bd. 83, Juli 1976, S. 485–486) publiziert. Er löste einen Teil des Problems Nummer E 2527.

Es ist nicht bekannt, welche Anzahl von Farben man für eine beliebige Anordnung von gleichgroßen Kugeloberflächen im dreidimensionalen Raum braucht. Allerdings weiß man, daß es eine der Zahlen 5, 6, 7, 8 oder 9 sein muß. Dieses und viele andere ungelöste Färbungsprobleme findet man in dem Artikel »Coloring of Circles« von Brad Jackson und Gerhard Ringel (*The American Mathematical Monthly*, Bd. 91, Januar 1984, S. 42–49).

Rollende Würfel   In seinem Artikel »Single Vacancy Rolling Cube Problem« (*Journal of Recreational Mathematics*, Bd. 7, Sommer

121

1974, S. 220–224) gibt John Harris eine Lösung des Problems der rollenden Würfel in achtunddreißig Zügen an. Rund ein Dutzend Leser, die alle Computerprogramme schrieben, um das Problem zu lösen, fanden eine eindeutig bestimmte minimale Lösung mit sechsunddreißig Zügen. (Dabei wurden Umstellungen, Drehungen und Spiegelungen als nicht verschieden betrachtet.) Diese Lösung sieht so aus:

URD LLD RRU LDL URD RUL
DLU URD RUL DRD LUL DRU

Harris beschließt seinen Artikel mit einem schwierigen Problem, in dem es ebenfalls um acht Würfel, die auf einer 3mal3-Matrix liegen, geht. Diese Würfel sollen so eingefärbt werden, daß in der Ausgangsstellung (das Mittelfeld soll wieder frei bleiben – vergl. Abb. 53) alle freien Flächen rot gefärbt sind. Alle Flächen der Würfel, die an einen anderen Würfel oder an die Grundfläche grenzen, sollen nicht gefärbt sein. Dann gibt es 24 rote Flächen und 24 Flächen, die nicht gefärbt sind. Das Problem besteht nun darin, die Würfel so zu rollen, daß sie wieder auf den Ausgangsfeldern liegen, wobei das Mittelfeld wieder frei sein soll, und alle ungefärbten Flächen zu sehen sind, während alle roten Flächen verdeckt sind.

Harris gab anfangs eine Lösung in vierundachtzig Zügen an; später kam er mit vierundsiebzig Zügen ans Ziel. Im Mai 1981 erhielt ich einen Brief von Hikoe Enomoto, Kiyoshi Ishihata und Satoru Kawai, die alle drei am Fachbereich Informatik der Universität Tokio arbeiten. Das Computerprogramm, das die drei entwickelt hatten, fand die nachfolgende Lösung mit nur siebzig Zügen:

DRUUL   DDRUU
LDLDR   ULURD
RULDR   DLULD
RURDL   ULURD
RDLUR   DLURU
LDRUL   DLURD
RULDL   DRRUL

Zwei frühere Rätsel mit rollenden Würfeln, die Harris erfunden hat, sowie die Beschreibung eines Brettspieles, das rollende Würfel verwendet, findet man im Kapitel 7 meines Buches *Mathematical Carnival* (Knopf, 1975). Biographische Hinweise zur Person von Harris kann man in dem Buch *Hackers: Heroes of the Computer Revolution* (Doubleday, 1984) von Steven Levy nachlesen.

8
Der umgedrehte Fisch und andere Probleme

Das Schießschartenproblem Will man das kürzestmögliche Cramspiel (vergl. Kapitel 9) bestimmen, so entspricht diese Aufgabe dem, was Bill Sands das »Schießschartenproblem« im Domino genannt hat (s. »The Gunport Problem«, *Mathematics Magazine*, Bd. 44, 1971, S. 193–196). Das Problem stellt sich folgendermaßen: Wie viele 1-mal-1-»Löcher« lassen sich mit Hilfe von Dominosteinen auf einem m mal n großen Feld erzeugen? Dabei sollen m und n natürliche Zahlen größer als 1 sein.

Sands konnte aufzeigen, daß die Anzahl der Löcher die der Dominosteine nicht übertreffen kann. Er war auch in der Lage zu beweisen, daß, falls eine der beiden Seiten des Brettes ein Vielfaches von 3 ist, die Wiederholung eines bestimmten Musters eine einfache Möglichkeit bietet, um die gewünschte Maximalanzahl von Löchern zu erzeugen (vergl. Abb. 52). Sein Ergebnis läßt sich auch so ausdrükken: Ist eine Seite des Feldes von der Form $3k$, dann beläuft sich die maximale Löcherzahl auf $\frac{m \times n}{3}$. Andernfalls muß die Maximalzahl kleiner sein als dieser Wert.

In der in London erscheinenden Monatszeitschrift *Games & Puzzles* vom November 1973 hat Murray Pearce aus North Dakota folgende Vermutung geäußert:»Ist keine der beiden Seiten von der Form $3k$, sind aber beide Seiten gleich modulo 3 (das bedeutet, daß beide entweder von der Form $3k + 1$ oder von der Form $3k + 2$ sind)*, so beläuft sich die maximale Anzahl von Löchern auf $\frac{(m \times n - 4)}{3}$. Ist eine Seite von der Form $3k + 1$ und die andere von der Form $3k + 2$, so ist das Maximum $\frac{(m \times n - 2)}{3}$. Beispiele, wie man die vorausgesagten Maximalwerte für drei Arten von Feldern erreichen kann (wobei keine Seite von der Form $3k$ ist), zeigt die Abbildung 53.

---

* Anders gesagt: Bei der Division durch 3 ergeben die beiden Seiten denselben Rest (beide entweder 1 oder 2). A. d. Ü.

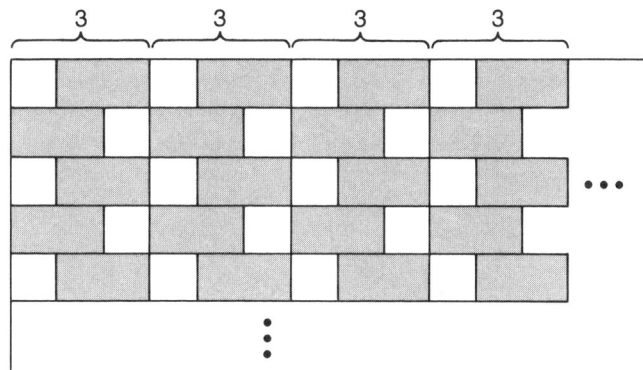

Abbildung 52: Das abgebildete Muster maximiert die Anzahl der »Schießschar-ten«, wenn eine der beiden Seiten des Rechtecks die Länge $3k$ hat.

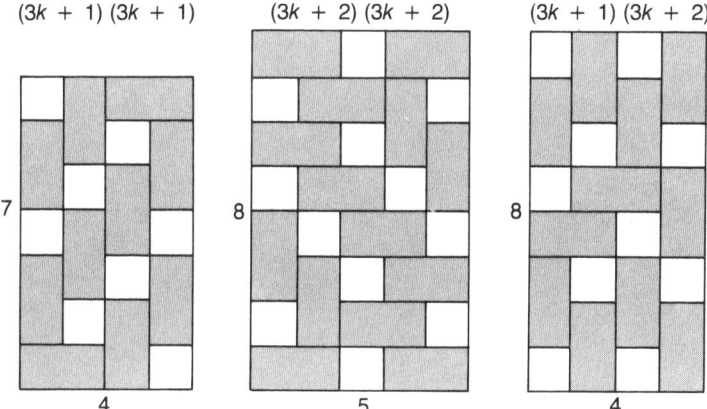

Abbildung 53: Maximalzahl von Schießscharten bei Rechtecken, deren Seiten nicht von der Form $3k$ sind

Die Formel von Pearce liefert für ein 8 mal 10-Feld die Maximalzahl von 26 Löchern. Sands gestand ein, daß er nur 24 Löcher mit 28 Steinen erreichen konnte. Kann der Leser eine Lösung mit 26 Löchern bei 27 Steinen finden?

Ziffern lügen nicht Ein alter Witz handelt von zwei einfältigen Menschen, die 28 durch 13 teilen und 7 erhalten. Anschließend prüfen sie dieses Resultat, indem sie 13 mit 7 malnehmen und 28 herausbekommen. Dann prüfen sie ihr Ergebnis noch auf andere Weise, indem sie 13 mehrfach zu sich selbst addieren. Auch so gelangen sie zu 28. In seinem Buch *A Laugh a Day Keeps the Doctor Away* (1923), eine Anthologie mit 366 Witzen, erzählt Irvin S. Cobb diese Geschichte so:

»Drei Kohlelieferanten sind mit ihren großen schwarzen Karren ausgefahren. Ihr Chef hat ihnen aufgetragen, insgesamt 28 Tonnen Kohlen auf sieben Familien gleichmäßig zu verteilen.

Nachdem sie den Hof mit ihrer ersten Ladung verlassen haben, diskutieren Kelly, Burke und Shea das Problem der gleichmäßigen Verteilung – wieviel Kohle soll jede Familie bekommen? ›So geht's‹, sagte Burke, ›man braucht ein bißchen Mathematik dazu. Wenn es 7 Familien gibt und 28 Tonnen Kohle, muß man 28 durch 7 teilen. Das geht so: Sieben geht in 8 genau einmal und in die verbleibenden 21 dreimal. Insgesamt macht das 13.‹ Triumphierend zeigte er die Zahlen, die er mit einem Bleistiftstummel auf ein Stück Butterbrotpapier geschrieben hatte:

$$7 \,/\, 28 \,/\, 13$$
$$\underline{7}$$
$$21$$
$$\underline{21}$$
$$00$$

Die Zahlen waren beeindruckend, aber Shea war dennoch nicht vollkommen überzeugt. ›Es gibt eine einfache Möglichkeit, um dies zu überprüfen‹, behauptete er. ›Man muß nur 13 siebenmal addieren.‹ Dann schrieb er eine Zahlenkolonne nach seinen Vorstellungen hin. Als er mit der untersten 3 beginnend die Reihe der Dreier durchlaufen hatte, erreichte er schließlich, nachdem er ganz nach oben geklettert war, 21. Dann kletterte er die Einserreihe hinunter: 3, 6, 9, 12, 15, 18, 21, 22, 23, 24, 25, 26, 27, 28. ›Burke hat recht!‹, rief er mit Bestimmtheit aus.

Sheas Kolonne sah so aus:

```
13
13
13
13
13
13
13
―
28
```

›Ich habe immer noch Zweifel‹, meinte Kelly, ›deshalb möchte ich das Ergebnis auch auf meine Art nachprüfen. Falls wir 28 erhalten, wenn wir 13 mit 7 malnehmen, so ist 13 die richtige Antwort.‹ Er zauberte ebenfalls einen Bleistiftstummel und ein Stück Papier hervor. ›Das geht so‹, sagte er, ›sieben mal 3 ist 21, 7 mal 1 ist 7. Zusammen macht das 28. Das beweist, daß 13 die richtige Antwort ist und daß ihr beide recht hattet. Wollt ihr meine Zahlen sehen?‹ Kellys mathematische Großtat sah so aus:

```
13
 7
―
21
 7
―
28
```

Die drei waren sich also einig und lieferten jeder Familie dreizehn Tonnen Kohlen.«
Der Komiker Flournoy Miller hat diesen Sketch oft aufgeführt. Seine Version kann man in seinem Buch *Shufflin' Along* nachlesen. Als Flip Watson die Szene vor einigen Jahren in seiner Fernsehshow spielte, bezichtigte ihn Millers Tochter des Diebstahls an geistigem Eigentum. Anscheinend wurde der Streit vor Gericht entschieden. William R. Ransom, ein Mathematiker von der Tufts Universität, hat die Frage aufgeworfen, ob an den Zahlen 7, 13 und 28 irgend etwas Besonderes sei. Die Antwort hierauf lautet nein. Es gibt genau 22 Zahlentripel – wobei eine Zahl einstellig und die beiden anderen Zahlen zweistellig sind –, die man anstelle von 7, 13 und 28 benützen

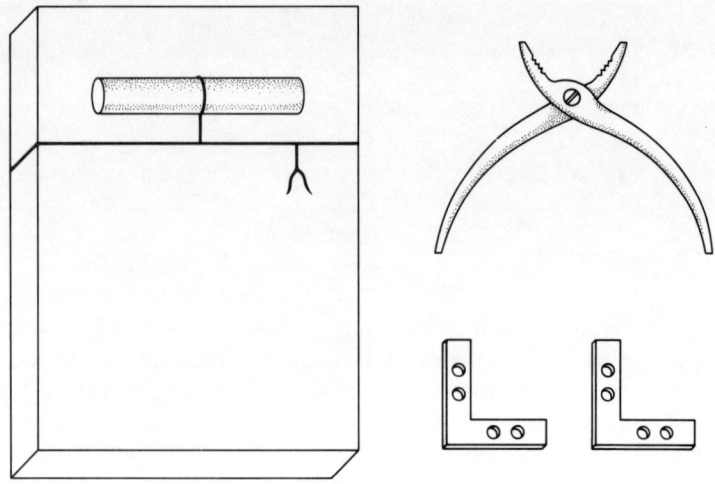

Abbildung 54: Das Problem des standhaften Brettes

kann, ohne daß sich ein Wort im Sketch ändern würde. Der Leser sollte diese 22 Zahlentripel suchen.

Funktionale Fixiertheit   Einmal gemachte Erfahrungen können gelegentlich das kreative Denken beeinträchtigen. Geht es in einem solchen Fall um die Schwierigkeiten, ein vertrautes Objekt auf ungewöhnliche Weise zu gebrauchen, so sprechen die Psychologen von »funktionaler Fixiertheit«. Die folgenden beiden Beispiele, die den Psychologen geläufig sind, sollen diesen Begriff illustrieren: Man sitzt vor einem leeren Tisch und bekommt sechs Gegenstände: ein Brett, eine ganz weit geöffnete Zange, zwei Winkeleisen mit Löchern und einen Stift, der mit einem Stück Draht an dem Brett festgebunden ist (vergl. Abb. 54). Diese Gegenstände sollen so angeordnet werden, daß das Brett einige Zentimeter oberhalb der Tischfläche horizontal zu liegen kommt, und zwar so, daß man eine Vase mit Blumen daraufstellen kann.

Man befindet sich in einem leeren Zimmer. Zwei Schnüre hängen von der Decke herunter. Man soll nun diese beiden Schnüre zusammenbinden. Wenn man aber das Ende der einen Schnur in der Hand hält, pendelt die andere nicht allzu weit entfernt, aber dennoch mit

128

Schwarz

Weiß

Abbildung 55: Das monochromatische Schachproblem

der freien Hand unerreichbar. Zur Lösung dieses Problems darf man nichts benutzen, was man trägt oder bei sich hat (beispielsweise darf man nicht die eigenen Strümpfe zu Hilfe nehmen, um die andere Schnur einzufangen). Verwenden darf man nur die drei Gegenstände, die auf dem Boden liegen: ein Tischtennisball, ein kleiner Hufeisenmagnet und eine Briefmarke.

Monochromatisches Schach Das folgende brillante und ungewöhnliche Schachproblem stammt von Raymond Smullyan. Abbildung 55 zeigt eine Endspielstellung, in der nur noch fünf Steine auf dem Brett stehen: der schwarze und der weiße König, zwei weiße Bauern sowie ein Bauer unbekannter Farbe (in der Abbildung ist dieser grau). Während des Spiels wurde niemals ein Stein so gezogen, daß sich die Farbe seines Standfelds geändert hätte. Ist der Bauer unbekannter Farbe weiß oder schwarz?

Die beiden Bücherregale Das folgende Problem stammt von Robert Abes, der am Courant Institute of Mathematical Sciences in New York arbeitet. In einem Zimmer, dessen Abmessungen 2,75 m auf 3,66 m betragen, befinden sich zwei Bücherregale mit einer

129

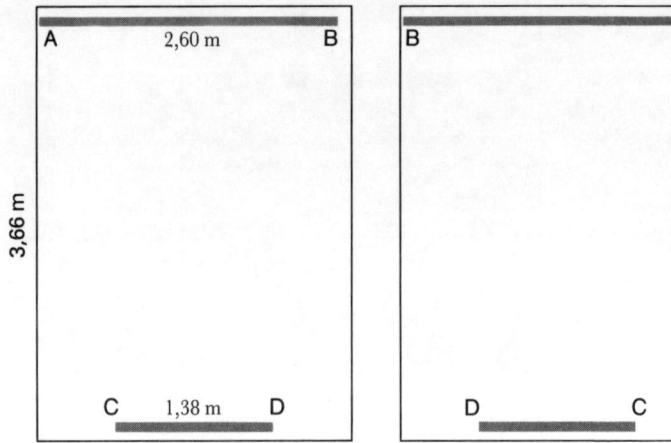

Abbildung 56: Das Problem der Bücherregale

Sammlung seltener Erotika. Das Bücherregal *AB* ist 2,60 m, das Regal *CD* 1,38 m breit. Die Regale stehen im Abstand von zweieinhalb Zentimetern vor der jeweiligen Wand. Nun kommen die Neffen des Besitzers zu Besuch. Da er die Kinder und die Bücher voreinander schützen möchte, beschließt er, die Bücherregale umzudrehen, so daß die Bücher zur Wand stehen. Beide Regale sollen nach dem Umdrehen an derselben Stelle stehen wie zuvor, nur sollen die Enden vertauscht sein (vergl. Abb. 56). Die Bücherregale sind so schwer, daß man sie nur von der Stelle bewegen kann, wenn man das eine Ende als Hebelpunkt auf dem Boden beläßt und das andere Ende auf einer Kreisbahn herumschwenkt. Die Bücherregale sind nicht tief, darum dürfen wir sie für unsere Zwecke als linienförmig annehmen. Natürlich können die Enden der Regale weder die Wände noch sich gegenseitig durchdringen. Wieviele Bewegungen braucht man mindestens, um die Bücherregale umzudrehen?

Irrationale Wahrscheinlichkeiten Will man mit Hilfe eines Zufallsexperiments zwischen zwei Alternativen wählen, deren Wahrscheinlichkeiten jeweils (echte) Brüche sind, so läßt sich dies einfach

130

mit einer Münze ausführen. Angenommen, wir wollen zwischen A und B entscheiden. Die Wahrscheinlichkeit von A sei $3/7$, die von B sei $4/7$. Wirft man eine normale Münze n mal, so ergeben sich 2^n mögliche Serien von Ausfällen. Wirft man sie dreimal, so erhält man acht Tripel: KKK, KKZ, KZK und so weiter (K bedeutet »Kopf«, Z »Zahl«). Nun eliminiere man eines dieser Tripel. Unter den verbleibenden sieben Tripeln wähle man drei aus. Diese sollen zu A zählen. Die verbleibenden vier Tripel gehören dann zu B. Jetzt werfe man die Münze dreimal. Ist das Resultat dieser drei Würfe genau gleich dem eliminierten Tripel, so vergesse man die Würfe und werfe wieder dreimal hintereinander. Schließlich wird man eines der sieben anderen Tripel als Ergebnis erhalten. Die Wahrscheinlichkeit, daß dieses Tripel zu den drei zu A zählenden Tripel gehört, ist $3/7$ gegenüber der Wahrscheinlichkeit von $4/7$, daß es eines der vier zu B gehörenden Tripel ist.

Die Vorgehensweise läßt sich direkt auf den Fall von n Alternativen verallgemeinern, wobei jede der Alternativen einen echten Bruch zur Wahrscheinlichkeit haben soll. Angenommen, wir haben es mit drei Möglichkeiten zu tun und den zugehörigen Wahrscheinlichkeiten $A = 1/3$, $B = 1/2$ und $C = 1/6$. Dann verwendet man das oben geschilderte Verfahren zur Entscheidung zwischen $1/3$ und $2/3$ (das ist gleich der Summe von $1/2$ und $1/6$). Fällt die Entscheidung zugunsten von A aus, so ist man fertig. Andernfalls muß man weitermachen und eine Entscheidung zwischen B und C herbeiführen. Zu diesem Zweck dividiert man $1/2$ (das ist die Wahrscheinlichkeit von B) durch $2/3$ und erhält $3/4$. Ebenso dividiert man $1/6$ (das ist die Wahrscheinlichkeit von C) durch $2/3$ und erhält $1/4$. In derselben Weise wie vorher benutzt man jetzt das Geldstück, um zwischen $B = 3/4$ und $C = 1/4$ zu entscheiden. Diese Vorgehensweise läßt sich auf n Alternativen erweitern, vorausgesetzt, man hat es mit rationalen Zahlen als Wahrscheinlichkeiten zu tun.

Die Münze braucht noch nicht einmal fair zu sein. Angenommen, sie ist nicht fair und die Wahrscheinlichkeit für »Kopf« beträgt $1/\pi$. Außerdem bleibt die Wahrscheinlichkeit, daß »Kopf« auf »Zahl« folgt, gleich der Wahrscheinlichkeit »Zahl« auf »Kopf«. Doubletten wie KK oder ZZ überspringt man einfach. Ansonsten soll KZ für »Kopf« stehen und ZK für »Zahl«. Gemäß dieser neuen Definition sind »Kopf« (neu) und »Zahl« (neu) gleichermaßen wahrscheinlich.

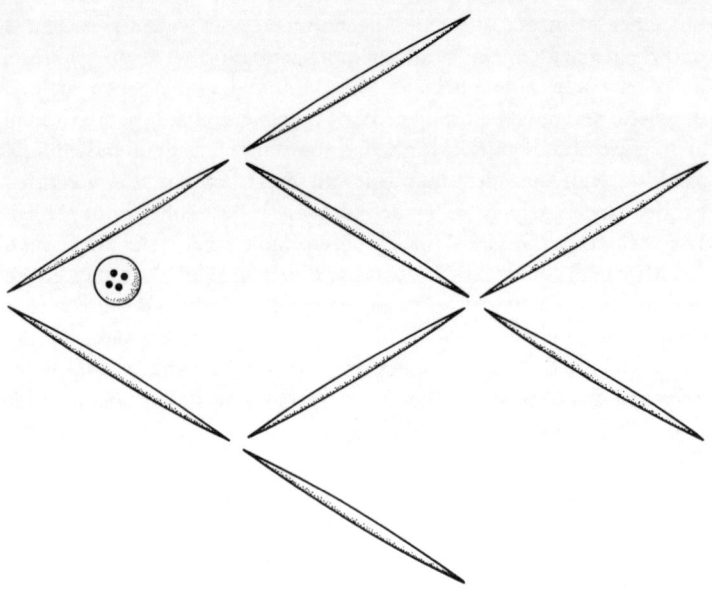

Abbildung 57: Das Zahnstocherrätsel

Was aber, wenn es um n Entscheidungen mit irrationalen Wahrscheinlichkeiten geht? So kann beispielsweise A gleich den Nachkommastellen von $\sqrt{2}$ sein, B könnte den Nachkommastellen von π entsprechen und C wäre gleich $1 - (A + B)$. Ist man imstande, mit Hilfe einer fairen Münze zwischen zwei Alternativen mit irrationalen Wahrscheinlichkeiten zu entscheiden, so kann man dies auch mit einer nicht-fairen Münze, man muß nur, wie oben gezeigt, »Zahl« und »Kopf« neu definieren. Kann man aber zwischen zwei Alternativen mit irrationalen Wahrscheinlichkeiten entscheiden, so kann man mit Hilfe der oben für rationale Wahrscheinlichkeiten vorgeführten Methode auch zwischen beliebig vielen Alternativen mit irrationalen Wahrscheinlichkeiten entscheiden.

Wie aber kann man eine Münze so benutzen, daß sie zwischen irrationalen Wahrscheinlichkeiten entscheidet? Wir wollen das Problem mit den konkreten Werten $A = 0{,}1415926535\ldots$ – das sind die Nachkommastellen von π – und $B = 0{,}8584073463\ldots$ – was gerade $1 - A$ ist – untersuchen. Angenommen, man will mit einer fairen Münze zwischen A und B entscheiden. Persi Diaconis hat vor

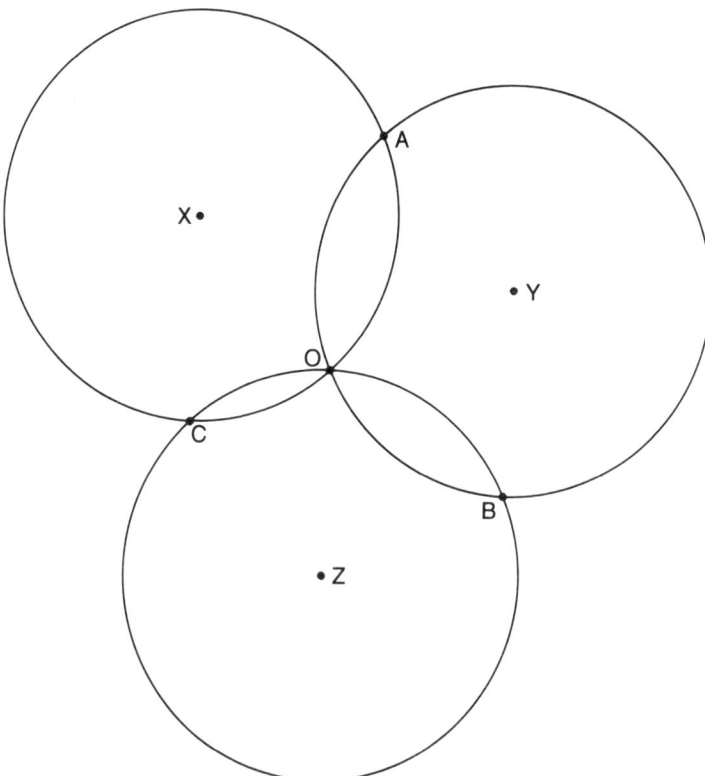

Abbildung 58: Sich schneidende Einheitskreise

kurzem eine interessante Methode gefunden, die sich auf alle irrationalen Wahrscheinlichkeiten anwenden läßt. Sie wird im Lösungsteil vorgestellt. (Hinweis: Dieses Verfahren benützt die Dualdarstellung.)

Der umgedrehte Fisch   Die folgende Denksportaufgabe für Kinder ist in Japan – im Unterschied zu uns – wohlbekannt. Ich habe sie in einem japanischen Rätselbuch entdeckt, das von Kobon Fujimura stammt. Man ordnet acht Zahnstocher und einen Knopf gemäß Abbildung 57 an. Wie muß man die Lage von drei Zahnstochern und

Abbildung 59: Eine Lösung des Schießschartenproblems

des Knopfes verändern, damit der Fisch wieder genauso aussieht wie vorher, mit dem einzigen Unterschied, daß er nun genau in die entgegengesetzte Richtung schwimmt?

Kreise, die sich schneiden Bei diesem Rätsel handelt es sich um einen jener Sätze aus dem Bereich der ebenen Geometrie, die auf den ersten Blick unglaublich schwierig zu sein scheinen, mit der richtigen Idee aber leicht zu beweisen sind. Drei Einheitskreise mit den Mittelpunkten X, Y und Z schneiden sich in einem Punkt 0 (vergl. Abb. 58). Der Leser soll nun beweisen, daß die drei anderen Schnittpunkte A, B und C ebenfalls auf einem Einheitskreis liegen, dessen Mittelpunkt 0 ist. Dieses Programm stammt von Frank R. Bernhart.

Antworten

Das Schießschartenproblem Abbildung 59 zeigt eine Möglichkeit, wie man 27 Dominosteine so auf ein 8 mal 10-Feld legen kann, daß 26 Löcher entstehen. Diese Lösung wurde von John C. Huval gefunden und im November 1972 in der Zeitschrift *Mathematics Magazine* veröffentlicht. Viele triviale Variationen dieser Lösung ergeben sich, wenn man einen Dominostein verschiebt, zwei aneinanderstoßende Steine umlegt oder ein 3 mal 3-Feld von Dominosteinen dreht.
Sowohl Kenneth M. Brown als auch Jon Petersen konnten beweisen, daß der Wert, den die Formel von Murray Pearce für das Schieß-

schartenproblem liefert, nicht übertroffen werden kann. Eine weitere offene Frage ist, ob es Rechtecke gibt, für die die von Pearce angegebene obere Schranke nicht erreicht werden kann. Petersen und Douglas W. Oman fanden unabhängig voneinander einen Beweis, daß man für alle Rechtecke, deren Fläche kleiner als 224 ist, die obere Schranke tatsächlich erreichen kann. Der allgemeine Fall ist ungelöst. Das 14 auf 16-Rechteck hat gute Chancen, das kleinstmögliche Gegenbeispiel zu sein. Pearce hat vermutet, daß man dieses Rechteck mit 75 Dominosteinen so überdecken kann, daß 74 Löcher entstehen.

Ziffern lügen nicht In der folgenden Tabelle sind die dreiundzwanzig Tripel zu finden, die man in Irvin S. Cobbs Aufgabe für 7, 13 und 28 einsetzen kann:

$$12 \div 2 = 15 \quad 15 \div 3 = 14 \quad 16 \div 4 = 13$$
$$14 \div 2 = 25 \quad 18 \div 3 = 24 \quad 24 \div 4 = 13$$
$$16 \div 2 = 35 \quad 24 \div 3 = 17 \quad 28 \div 4 = 25$$
$$18 \div 2 = 45 \quad 27 \div 3 = 27 \quad 36 \div 4 = 18$$

$$15 \div 5 = 12 \quad 18 \div 6 = 12 \quad 28 \div 7 = 13$$
$$25 \div 5 = 14 \quad 36 \div 6 = 15 \quad 49 \div 7 = 16$$
$$35 \div 5 = 16 \quad 48 \div 6 = 17$$
$$45 \div 5 = 18 \quad\quad\quad\quad\quad\ 48 \div 8 = 15$$

Sollte sich der Leser dafür interessieren, wie William R. Ransom dieses Problem gelöst hat, so kann er eine Erklärung seines Lösungsansatzes in seinem ansprechenden, aber kaum bekannten Buch *One Hundred Mathematical Curiosities* (J. Weston Walch, 1955) nachlesen.

Funktionale Fixiertheit Das Brett wird durch die Zange und den Holzstift gehalten (vergl. Abb. 60). Um die beiden freien Enden miteinander zu verknoten, befestigt man den Magneten an einem der Enden und versetzt anschließend dieses Ende in Schwingung. Dann nimmt man das Ende der anderen Schnur in die eine Hand und fängt mit der anderen die schwingende Schnur.
Was das Brettproblem anbelangt, so haben E. N. Adams, Bill Kruger

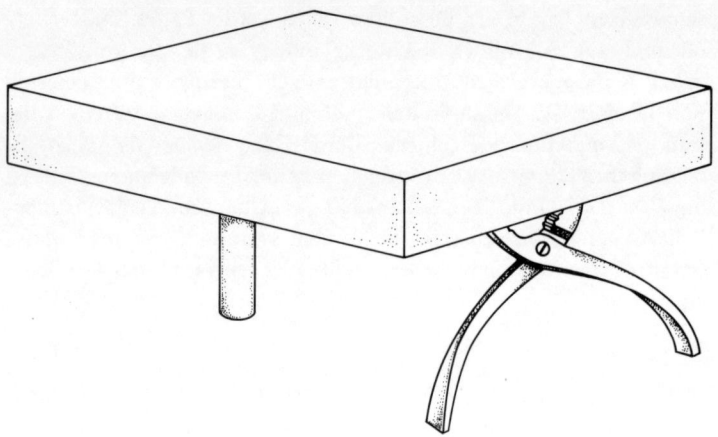

Abbildung 60: Unterbau für das Brett

und Susan Southall unabhängig voneinander gezeigt, wie man die Zange zu öffnen hat und so mit dem Stift verbinden kann, daß ein Dreifuß entsteht. Sie haben auch entdeckt, wie man die Winkeleisen an den Enden der Zange anbringen muß, damit die Konstruktion stabil wird. Eine zweite Lösung ist von R. C. Dahlquist, P. C. Eastman und Ronald C. Read vorgeschlagen worden. Don L. Curtis fädelte den Draht durch die Löcher an den Enden der Winkeleisen und schlang dann den Draht samt Winkeleisen um das Brett, so daß sie in stabiler Lage senkrecht zum Brett standen. Ein von ihm eingesandtes Foto beweist, daß man auf seine Konstruktion tatsächlich eine Blumenvase stellen kann. Robert Rosenwald und Allan Kiron haben daran gedacht, die Zange als Hammer zu benutzen, mit dem sie die Ecken der Winkeleisen ins Holz schlagen wollten, um so einen stabilen Unterbau zu schaffen.

Paul Nelles hat folgende Situation konstruiert: Eine Seitenwand befindet sich so nah an den Seilen, daß der Magnet, nachdem er an das Ende des einen Seiles gebunden und in Schwingung versetzt wurde, gegen die Wand schlägt. Der Tischtennisball wird an der anderen Schnur festgebunden (oder mit Hilfe der Briefmarke festgeklebt). Schließlich versetzte Nelles dieses Seil in Schwingungen, und zwar so, daß der Ball gegen die Wand prallte. Michael McMahon hat vorgeschlagen, die Briefmarke dazu zu verwenden, den Ball am Seil zu befestigen. Dann wollte er mit einer Ecke des Magneten den

Ball anschieben und ihn so auf die andere Seite des Zimmers befördern.

Monochromatisches Schach   Der Schlüssel zu Raymond Smullyans monochromatischem Schachproblem liegt in der Stellung der beiden weißen Bauern. Wir wissen, daß jeder Stein nur Felder von der Farbe seines Ausgangsfeldes betreten hat. Deshalb besteht die einzige Möglichkeit zum Verlassen seines Ausgangsfeldes für den weißen König darin, zu rochieren. Die Rochade muß die kurze sein, denn andernfalls hätte sich der weiße Turm von seinem schwarzen Eckfeld auf ein weißes Feld bewegt. Ist der Bauer unbekannter Farbe weiß, so muß es sich bei ihm um einen Turmbauern gehandelt haben, der sich schlagenderweise auf sein gegenwärtiges Standfeld bewegt hat. In diesem Fall aber kann der weiße König sein jetziges Feld nicht erreichen. Bevor der Turmbauer geschlagen hätte, hätte er den weißen König auf g1 eingesperrt. In seiner jetzigen Position kann der weiße König die Felder g1 und h2 nicht verlassen. Deshalb muß der fragliche Bauer ein schwarzer sein.

Die Seite des weißen und die Seite des schwarzen Spielers sind in Raymond Smullyans monochromatischem Schachproblem eindeutig zu erkennen. Einige Leser haben sich dennoch gefragt, ob man es auch mit vertauschten Seiten lösen kann. Zwei Leser haben unabhängig voneinander den folgenden »Beweis« gefunden, daß der fragliche Bauer schwarz sein muß. Angenommen, dieser Bauer wäre weiß, hätte er, um die Stellung zu erreichen, die er in der Ausgangsposition des Problems einnimmt, mindestens dreimal ziehen müssen: einmal zwei Felder nach vorn und anschließend zweimal schlagenderweise schräg zur Seite. Die beiden anderen weißen Bauern müßten beide mindestens vier Züge machen, um zu ihren aktuellen Positionen zu gelangen. Darunter sind sechs Züge, bei denen eine Figur geschlagen wird. Also werden insgesamt von den drei weißen Bauern mindestens acht schwarze Steine geschlagen, und zwar alle auf schwarzen Feldern. Einer unter ihnen – der schwarze König – kann in der Ausgangsstellung keinen Zug machen. Also besitzt Schwarz nur sieben Steine auf schwarzen Feldern, die geschlagen werden können. Deshalb muß die Annahme, von der wir ausgegangen sind, falsch sein. Der fragliche Bauer ist schwarz.

Leider ist dieser Beweis falsch. William J. Butler Jr. hat mir die Notation eines Spielablaufs geschickt, der mit den monochromatischen Vorschriften vereinbar ist. Hier sind die Seiten vertauscht, die Situation aus der Problemstellung mit einem weißen Bauern (anstelle des fraglichen) wird erreicht. Der Fehler im obigen »Beweis« liegt darin, daß die Möglichkeit übersehen wird, daß in der Ausgangsstellung schwarze Bauern auf weißen Feldern en passant geschlagen werden können von weißen Bauern auf schwarzen Feldern.

Die beiden Bücherregale   Acht Drehungen reichen aus, um die beiden Bücherregale umzustellen. Eine mögliche Lösung sieht so aus: (1) Man schwenke das Ende B um 90° im Uhrzeigersinn. (2) Dann schwenke man das Ende A im Uhrzeigersinn um 30°; (3) B wird gegen den Uhrzeigersinn um 60° gedreht, dann (4) A im Uhrzeigersinn um 30°. (5) Nun schwenke man B im Uhrzeigersinn um 90° und (6) C ebenfalls im Uhrzeigersinn um 60°. Schließlich wird (7) D gegen den Uhrzeigersinn um 300° geschwenkt und (8) C im Uhrzeigersinn um 60°. »Bewegt man das Bücherregal B in weniger als fünf Schritten«, schreibt Robert Abes, »so muß man während einer Drehung das eine Ende durch die Wand hindurchdrücken oder aber (was wahrscheinlicher ist) man gibt auf, obwohl die Vorderseite noch herausguckt. Bewegt man das Regal CD, ohne den zweiten Schwenk um 300° auszuführen, so verschwendet man entweder einen Zug oder aber man schlägt ein Loch in die Wand. Mein Dank gilt Jim Lewis, der mir geholfen hat, das große Bücherregal zu bewegen.«

Wayne E. Russell hat bemerkt, daß die Problemstellung nicht ausschließt, daß das Zimmer sehr viel höher ist als die Regale. Er zeigte, daß man es, falls das Ende des großen Regals hoch genug angehoben wird, mit drei Bewegungen umdrehen kann. Johann Sack hat die überraschende Tatsache entdeckt, daß die Lösung mit der Minimalzahl von Bewegungen nicht die Eigenschaft hat, auch noch den Energieaufwand zu minimieren. Die angegebene Umkehrung des kleinen Regals bewegt dieses rund 10 Meter weit. Verwendet man statt dessen vier Drehungen (D gegen den Uhrzeigersinn um 90°, C gegen den Uhrzeigersinn um 60°, D gegen den Uhrzeigersinn um 60° und C im Uhrzeigersinn um 30°), so wird das Möbelstück nur rund 5,70 Meter weit bewegt.

Irrationale Wahrscheinlichkeit   Eine Münze läßt sich folgendermaßen benutzen, um zwischen zwei Alternativen A und B mit beliebigen rationalen oder irrationalen Wahrscheinlichkeiten zu entscheiden.
Notationsregeln:
a) Man drücke A als unendlichen Dualbruch aus.
b) Man numeriere die Ziffern mit 1, 2, 3, 4 ... durch. Ebenso verfahre man mit den Münzwürfen. Die n-te Ziffer sei zum n-ten Wurf gehörig.
c) Der Wert eines Wurfes sei 1, falls »Kopf« fällt, und 0, falls »Zahl« fällt.

Regeln für das weitere Vorgehen:
a) Entspricht der Wert eines Wurfes seiner zugehörigen Ziffer, so wirft man erneut.
b) Ist der Wert eines Wurfes kleiner als die zugehörige Ziffer, so bedeutet das »Entscheidung für A«.
c) Ist der Wert eines Wurfes größer als die zugehörige Ziffer, so bedeutet das »Entscheidung zugunsten von B«.

Wir wollen uns klarmachen, wie dieses Vorgehen im Fall von $A = \frac{1}{3}$ und $B = \frac{2}{3}$ konkret aussieht. Als Dualbruch schreibt sich A in der Form 0,01010101 ... und B als 0,10101010 ... Die Folge der Würfe bricht genau dann mit der Entscheidung zugunsten von A ab, wenn »Zahl« (mit Wert 0) bei einem Wurf auftritt, dessen zugehörige Ziffer in der Dualbruchentwicklung von A 1 ist. Die Einsen befinden sich an den geradzahligen Stellen. Deshalb beträgt die Wahrscheinlichkeit einer Entscheidung zugunsten von A

$$\frac{1}{2^2} + \frac{1}{2^4} + \frac{1}{2^6} + \dots$$

Der Wert dieser Reihe ist 0,010101 ... Dies wird klar, wenn man die zugehörigen Dualbrüche betrachtet:

$$\frac{1}{4} = 0,01; \quad \frac{1}{16} = 0,0001; \quad \frac{1}{64} = 0,000001 \dots \quad \begin{array}{l} \text{Summe:} \\ 0,010101 \dots \end{array}$$

Analog endet eine Serie von Würfen mit einer Entscheidung zugunsten von B genau dann, wenn »Kopf« (mit dem Wert 1) bei einem Wurf auftritt, dessen zugehörige Ziffer in der Dualbruchentwicklung von A eine 0 ist. Die Nullen befinden sich an den ungeraden Stellen, deshalb beträgt die Wahrscheinlichkeit einer Entscheidung zugunsten von B

$$\frac{1}{2} + \frac{1}{2^3} + \frac{1}{2^5} + \ldots$$

Das bedeutet, daß man die Reihe $0{,}1 + 0{,}001 + 0{,}00001 + \ldots$ aufzusummieren hat. Deren Wert ist offensichtlich gleich $0{,}101010\ldots$ oder gleich $\frac{2}{3}$.

Das gestellte Problem lautete, zwischen A, dessen Wahrscheinlichkeit gleich den Nachkommastellen von π sein sollte, und B, das gleich $1 - A$ sein sollte, zu entscheiden. Zuerst müssen wir A als Dualbruch ausdrücken:

$$A = 0{,}001\,001\,000\,011\,111\,101\,101\ldots$$

Auch hier ist die Wahrscheinlichkeit einer Entscheidung zugunsten von A gleich der Wahrscheinlichkeit, »Zahl« (mit dem Wert 0) in einem Wurf zu erhalten, dessen zugehörige Ziffer eine 1 ist. Diese Wahrscheinlichkeit ist gleich dem Dualbruch von A, denn er drückt die Wahrscheinlichkeit als Summe einer unendlichen Reihe von Dualbrüchen aus, wobei jeder dieser Brüche gleich dem Kehrwert einer Potenz von 2 ist. Die Wahrscheinlichkeit einer Entscheidung zugunsten von B ist gleich der Wahrscheinlichkeit, daß man »Kopf« (Wert 1) in einem Wurf erhält, dessen zugehörige Ziffer eine 0 ist. Im ersten Fall beträgt die Wahrscheinlichkeit

$$\frac{1}{2^3} + \frac{1}{2^6} + \frac{1}{2^{11}} + \ldots$$

(Die Exponenten entsprechen den Stellen in der Dualbruchentwicklung von A, an denen sich Einsen befinden.) Der Wert dieser Reihe ist $0{,}001\,001\,000\,01\ldots$, also nichts anderes als die Dualbruchentwicklung von A.
Im zweiten Fall beträgt die Wahrscheinlichkeit

$$\frac{1}{2} + \frac{1}{2^2} + \frac{1}{2^4} + \ldots$$

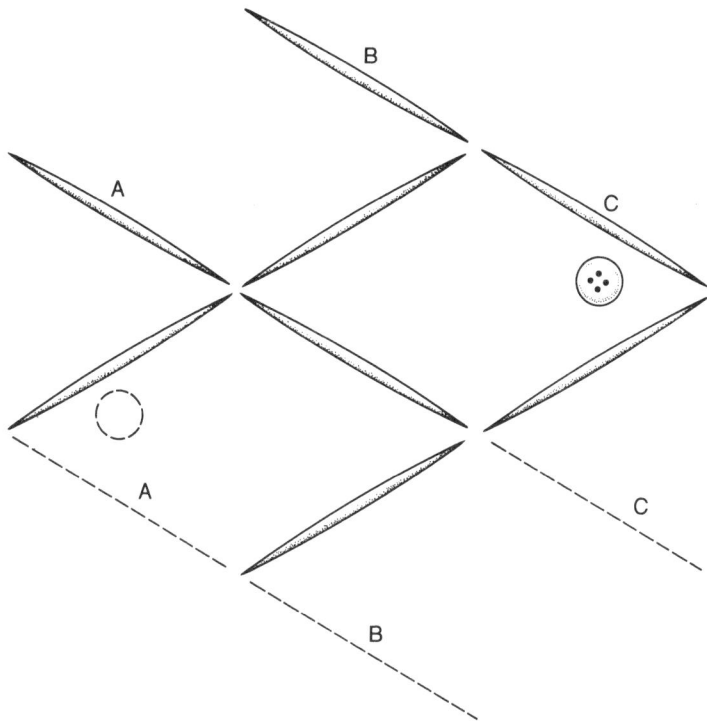

Abbildung 61: Der umgedrehte Fisch

(Die Exponenten entsprechen jetzt den Positionen in der Dualbruchentwicklung von A, an denen sich Nullen befinden.) Der Wert dieser Reihe ist $0,110\,110\,111\,10\ldots$ Das ist gerade das Komplement des Dualbruches von eben (was bedeutet, daß man Nullen gegen Einsen und umgekehrt austauscht). Man erhält also die Dualbruchentwicklung von B.

Es ist nicht schwierig, diese Methode zu verstehen. Die Wahrscheinlichkeit von A wird durch eine unendliche Reihe von Wahrscheinlichkeiten ersetzt. Alle entsprechenden Ereignisse sind miteinander unverträglich, weshalb sich diese Wahrscheinlichkeiten genau zu derjenigen von A aufaddieren. Natürlich gibt es eine rasch abnehmende Wahrscheinlichkeit dafür, daß die Serie der Würfe mit den zugehörigen Ziffern übereinstimmt. Für den n-ten Wurf ergibt sich als Wahrscheinlichkeit dieser Übereinstimmung der Wert $\frac{1}{2}^{n}$. Es ist

141

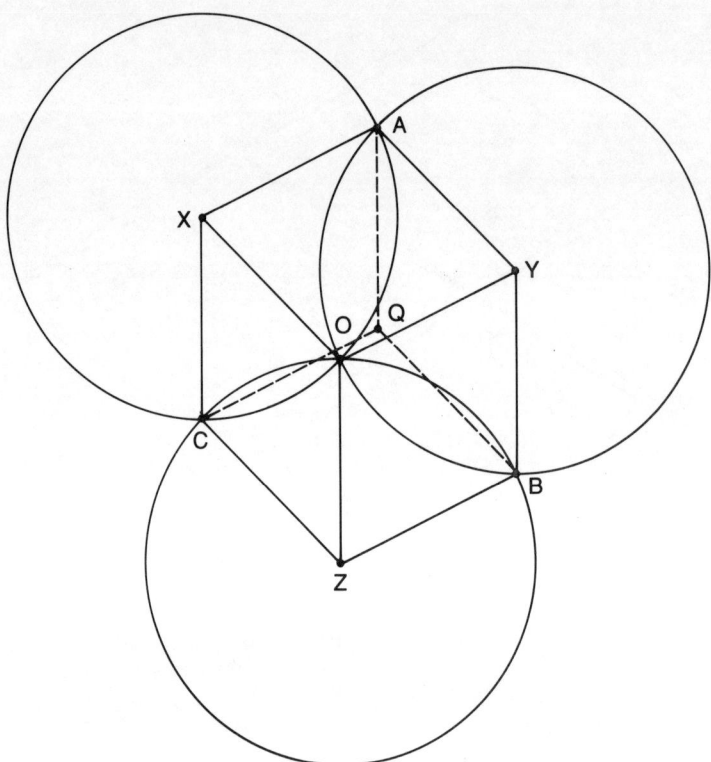

Abbildung 62: Beweis des Satzes über den Kreis

somit praktisch sicher, daß das Verfahren nach wenigen Schritten mit einer Entscheidung endet.

Der umgedrehte Fisch   Verlegt man drei Zahnstocher und den Knopf, wie das in Abbildung 61 zu sehen ist, so schwimmt der Fisch in die andere Richtung.
In einem gemeinsamen Brief haben Sharon Cammel und Jonathan Schonsheck darauf hingewiesen, daß es zwei Möglichkeiten gibt, die Bewegungsrichtung des Fisches durch das Umlegen von drei Zahnstochern zu verändern: Man kann ihn etwas höher oder etwas tiefer in der Gegenrichtung schwimmen lassen. Der achtjährige Thomas

142

Kellermann hat entdeckt, wie man den Fisch durch Umlegen von zwei Zahnstochern nach oben oder auch nach unten schwimmen lassen kann. Allerdings wird der Fisch dabei kürzer und kompakter.

Kreise, die sich schneiden Man zeichnet die drei Verbindungsstrecken von 0 zu den Kreismittelpunkten X, Y und Z. Zusätzlich verbindet man jeden Mittelpunkt mit den beiden ihm am nächsten liegenden Schnittpunkten. Das ergibt sechs weitere Strecken. Abbildung 62 zeigt die neun Verbindungsstrecken. Jede dieser Verbindungsstrecken ist genau eine Einheit lang. Also bilden sie drei Rhomben. Nun zieht man durch die Schnittpunkte A, B und C jeweils eine Parallele zu einem Kreisradius (in der Abbildung 62 sind sie gestrichelt gezeichnet). Das liefert drei weitere Rhomben. Weil einander gegenüberliegende Seiten in einem Parallelogramm gleich groß sind, wissen wir, daß die gestrichelten Strecken alle die Länge l haben und somit gleich lang sind. Also bildet ihr gemeinsamer Schnittpunkt Q den Mittelpunkt eines Einheitskreises, auf dem die Schnittpunkte A, B und C liegen.

Viele Leser haben mehrere Beweismöglichkeiten gefunden. Eine Diskussion dieses Problems findet man in Georges Polyas *Mathematical Discovery* (Bd. 2, 1965, S. 53–58) und in Ross Honsbergers *Mathematical Gems II* (The Mathematical Association of America 1976, S. 18).

9
Cram, Bynum und Quadrophage

Es gibt zahlreiche Zweipersonenspiele (wie beispielsweise »Nim«), für die eine perfekte Spielstrategie bekannt ist. Andere Spiele, wie etwa »Tick-Tack-Toe« oder »Punkte und Quadrate«, erscheinen vielleicht auf den ersten Blick genauso einfach, sind aber in Wirklichkeit so komplex, daß bisher keine endgültige Strategie gefunden werden konnte (außer in Spezialfällen, wenn die entsprechenden Spiele auf besonders gearteten Feldern gespielt werden). In diesem Kapitel werden wir einige reizvolle neue Spiele betrachten, deren Regeln sehr einfach sind und über die noch wenig bekannt ist. Für einige von ihnen gibt es vermutlich keine allgemeingültige Strategie, doch bei anderen könnte ein Leser dieses Buches der erste sein, der sie entdeckt.

Unser erstes Spiel wurde, soweit mir bekannt ist, noch nicht veröffentlicht, obwohl sich einige Mathematiker seit den frühen 50er Jahren damit beschäftigen. Meine ersten Informationen über dieses Spiel verdanke ich Geoffrey Mott-Smith, der mehrere Bücher über Spiele und Rätsel geschrieben hat. Er berichtete mir, es sei von einem seiner Freunde erfunden worden, der es auf den Namen »Plugg« getauft hatte. Seither habe ich mehrere Briefe von Mathematikern erhalten, die dasselbe Spiel unabhängig von ihm entdeckt haben. 1966 hat John Horton Conway sich mit »Plugg« beschäftigt. Obwohl es ihm nicht gelang, das Spiel zu knacken, konnte er eine (partielle) Strategie formulieren, mit deren Hilfe sich die letzten Spielstadien durch die gewöhnliche Nimtheorie analysieren lassen.

Das Spiel läßt sich auf mehrere isomorphe Weisen spielen. Besteht das »Brett« aus einem rechteckigen Gitter von quadratförmig angeordneten Punkten, so lauten die Regeln folgendermaßen: Beide Spieler zeichnen abwechselnd Linien, die zwei in der Senkrechten benachbarte Punkte miteinander verbinden. Ein Punkt, der bereits durch eine Linie mit einem anderen Punkt verbunden worden ist, darf von keiner anderen Linie mehr berührt werden. In der gängigen

a
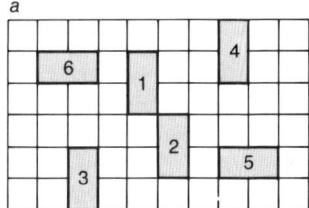

b
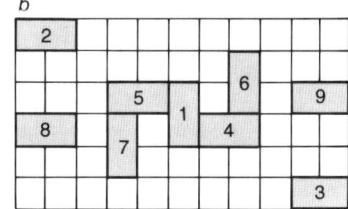

Abbildung 63: Symmetrische Gewinnpositionen beim Cram-Spiel mit (a) geraden-geraden Feldern und (b) geraden-ungeraden Feldern

Version des Spieles gewinnt derjenige Spieler, der als letzter zwei Punkte miteinander verbindet. (Bei Misère, der umgekehrten Form des Spieles, verliert die letzte Linie.) Lassen Sie uns dies graphentheoretische Spiel »Punkte und Paare« nennen.

Hat man Spielmarken zur Hand, so kann man mit ihnen das Gitter legen; in diesem Fall bedeutet ein Zug, zwei senkrecht aneinander grenzende Marken wegzunehmen. »Punkte und Paare« kann aber auch anders gespielt werden: Man zeichnet ein Schachbrett oder markiert es auf einem Rechenblatt. Ein Zug besteht dann darin, zwei senkrecht benachbarte Felder einzufärben oder sie einfach mit einer Linie »auszustreichen«.

Eine weitere Variante für dieses Spiel – die vergnüglichste – ist auf einem Schachbrett mit Dominosteinen zu spielen. Dabei spielen natürlich die Augenzahlen auf den Steinen keine Rolle. Es kommt nur darauf an, daß jeder Dominostein genau zwei Felder bedeckt. Die Spieler legen so lange abwechselnd ihre Steine, bis kein weiterer Zug mehr möglich ist. Diese Version möchte ich »Cram« nennen. Cram ist das einfachste nichttriviale Spiel mit Polyminos. Gewinnstrategien für »Cram« sind nur für bestimmte spezielle Spielfelder bekannt. Ist beispielsweise das Spielfeld rechteckig und sind seine beiden Seiten je eine gerade Anzahl von Feldern lang, so gewinnt in der Standardversion (der letzte Zug gewinnt) der Nachziehende leicht mit einem Symmetrieplan. Er führt einfach jeden Zug symmetrisch zu dem seines Gegenspielers aus (vergl. Abb. 63 a). Um diese Strategie auszuschließen, können wir eine neue Regel in unseren Katalog aufnehmen: Der erste Zug des Nachziehenden darf keine symmetrische Version des Eröffnungszuges sein. Mit dieser zusätzlichen Klausel kann man auf einem gewöhnlichen Schachbrett mit 32 Dominosteinen spielen. Es ist nicht bekannt, welcher Spieler bei bestmöglichem Spiel gewinnt.

Spielt man die Standardversion von »Cram« auf einem rechteckigen Feld mit geraden auf ungerade Abmessungen, so gewinnt derjenige, der anfängt, indem er die beiden Zentralfelder besetzt und danach die gegnerischen Züge symmetrisch wiederholt (vergl. Abb. 63 b). Diese Möglichkeit kann man durch eine Regel ausschalten, die dem ersten Spieler verbietet, mit seinem Eröffnungszug beide Zentralfelder zu besetzen.

Für die umgekehrte Form von »Cram« ist weder für Felder mit geraden auf gerade Abmessungen noch für gerade auf ungerade Abmessungen eine allgemeingültige Strategie bekannt. Bei Feldern mit ungeraden auf ungerade Abmessungen ist weder für das herkömmliche noch für das umgekehrte Spiel eine Strategie bekannt; selbst wenn man eine der Seiten auf die Länge eins reduziert, ist es noch so komplex, daß es bislang noch keine gültige Strategie gibt. 1973 schrieb David Singmaster, der damals am Instituto Mathematico der Universität Pisa arbeitete, ein Computerprogramm für das 1 auf m-Feld. Die Werte von m lagen zwischen 1 und 1000. Unter der Prämisse, daß der Spieler, der beginnt, im Fall von $m = 0$ und $m = 1$ verliert (weil er zweimal nicht ziehen kann), fand Singmaster insgesamt 151 Werte von m, bei denen der Nachziehende gewinnt. Im Bereich m kleiner 100 waren dies die Werte: 0, 1, 5, 9, 15, 21, 25, 29, 35, 39, 43, 55, 59, 63, 73, 77, 89, 93 und 97.

Ist m gerade, so gewinnt natürlich der erste Spieler, indem er die beiden zentralen Felder besetzt und ansonsten symmetrisch zum Gegner spielt. Ist m ungerade, so gewinnt er für alle Werte von m, die kleiner 100 sind und nicht zu der oben aufgeführten Menge gehören. Für das umgekehrte Spiel auf einem 1 mal m-Feld ist mir keine computerunterstützte Analyse bekannt.

Quadratische Felder sind nur mit kleinen Abmessungen untersucht worden. Das 3 mal 3-Spiel ist trivial. Man braucht nur einige Minuten nachzudenken, um einzusehen, daß der Nachziehende das gewöhnliche Spiel gewinnt, das umgekehrte aber verliert. Das 4 mal 4-Spiel verlangt – untersagt man dem Nachziehenden das symmetrische Spiel – in der gewöhnlichen Version erheblich mehr Aufwand. Conway fand heraus, daß der Nachziehende in diesem Fall sowohl in der gewöhnlichen als auch in der umgekehrten Form gewinnt.

Wie steht es mit dem 5 mal 5-Spiel? Weil dies ein Spiel mit ungera-

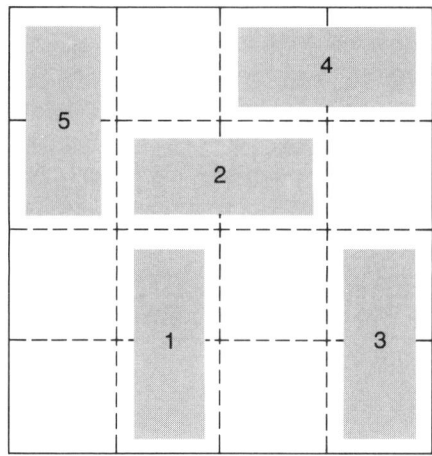

Abbildung 64: Das »Standard-Kreuzcram« mit einer Gewinnstellung für den ersten Spieler

den auf ungeraden Abmessungen ist, kommt die symmetrische Spielweise nicht in Betracht, und die Einführung zusätzlicher Regeln erübrigt sich. Wer gewinnt beim gewöhnlichen »Cram«? Und wer beim »Misère«? Soweit ich weiß, hat bisher niemand diese Frage beantwortet. »Cram« ist ein »unparteiisches« Spiel. Das soll bedeuten, daß jeder mögliche Zug von beiden Seiten gemacht werden kann. »Parteiische« Spiele – Conway zieht die Bezeichnung »nicht-unparteiische Spiele« vor – sind solche, in denen Züge, die dem einen Spieler möglich, der Gegenseite aber verboten sind. So sind beispielsweise Schach und Dame parteiische Spiele, weil jeder Spieler nur die Steine seiner Farbe ziehen darf. Wir können aus »Cram« ein parteiisches Spiel machen, indem wir eine von Göran Andersson vorgeschlagene Regel einführen. Er hat sie mir 1973 brieflich mitgeteilt. Die Regel ist verblüffend einfach: Ein Spieler darf nur horizontale Züge machen, während der andere nur vertikale ausführen darf. Ich möchte diese Variante »Kreuzcram« nennen. Natürlich wird auf diese Weise eine symmetrische Spielführung auf einem rechteckigen Feld unmöglich. Wie oben läßt sich auch hier der Fall 3 mal 3 schnell erledigen. Der erste Spieler gewinnt das herkömmliche Spiel, vorausgesetzt, er belegt mit seinem Eröffnungszug kein Eckfeld. Der Nach-

147

ziehende gewinnt dagegen das umgekehrte Spiel. »Kreuzcram« auf einem 4 mal 4-Feld ist kompliziert genug, um ein gutes Spiel für Papier und Bleistift zu liefern (vergl. Abb. 64). Frage 1: Gewinnt der erste oder der zweite Spieler das gewöhnliche Spiel? Wie steht es mit dem umgekehrten Spiel?

Sowohl »Cram« als auch »Kreuzcram« lassen sich als Spezialfälle allgemeinerer Spiele auffassen. »Cram« ist ein Spezialfall von Piet Heins »Tac-Tic«, das heute unter dem Namen »Nimbi« geläufiger ist. (Vergl. *The Scientific American Book of Mathematical Puzzles & Diversions*, Kapitel 15.) »Nimbi« wird gewöhnlich mit zu einem Quadrat angeordneten Spielsteinen gespielt. Ein Zug besteht darin, so viele orthogonal aneinandergrenzende Steine wegzunehmen, wie man will(man ist nicht auf zwei Steine festgelegt). »Kreuzcram« ist ein Spezialfall eines besonderen Nimbispiels, bei dem die Regeln einen Spieler auf die horizontalen Zeilen und den anderen auf die vertikalen Spalten einschränken.

Eine andere interessante Abwandlung von »Nimbi« wurde 1972 von James Bynum aus Tacoma, Washington, erfunden. Bynum hat mir freundlicherweise erlaubt, seine Entdeckung an dieser Stelle zu beschreiben. Es handelt sich um dasselbe Nimbispiel wie eben, nur daß jeder Zug die maximale Länge erreichen muß. Das heißt, daß die orthogonal aneinandergrenzenden Steine, die weggenommen werden sollen, an ihrem Ende entweder vom Brettrand oder von einem Zug des Gegners begrenzt werden müssen. Der Eröffnungszug bei diesem Spiel umfaßt notwendigerweise eine ganze Zeile oder Spalte (vergl. Abb. 65).

Bynums Spiel wurde 1973 von Conway gelöst. Die Misère-Variante davon ist fast trivial. Der Nachziehende gewinnt auf allen quadratischen Feldern. Ist das Feld rechteckig, so gewinnt der Spieler, dessen Züge parallel zur kürzeren Rechteckseite verlaufen – gleichgültig, ob er nun beginnt oder nicht. Das gewöhnliche Spiel ist interessanter. Der erste Spieler gewinnt sowohl auf allen quadratischen Feldern als auch auf allen rechteckigen Feldern, deren Seiten dieselbe Parität aufweisen (gerade-gerade oder ungerade-ungerade). Handelt es sich um ein Rechteck mit den Abmessungen gerade-ungerade, so gewinnt derjenige Spieler, dessen Züge parallel zu der Rechteckseite geradzahliger Länge verlaufen – gleichgültig, ob er der erste ist oder nicht.

Der interessierte Leser kann versuchen, strategische Regeln für den

148

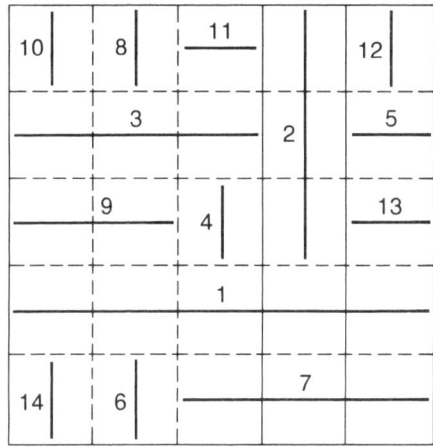

Abbildung 65: Gewinnstellung für den Nachziehenden in Bynums Spiel

Spieler, der gemäß den obigen Ausführungen gewinnen müßte, zu entwickeln. Das Spiel gehört offensichtlich zu Conways nicht-unparteiischen Spielen. Ich will hier nicht mehr zu Conways Analysen sagen, weil sie in seinem Buch über die Theorie nicht-unparteiischer Spiele stehen, das demnächst erscheinen wird.
»Quadrophag« (Quadratfresser) ist eine Familie von Spielen, die teilweise erforscht ist. Sie wurde von David L. Silverman in den späten 40er Jahren entdeckt. Von ihm stammt auch der Name. Silverman teilte die Grundidee Richard A. Epstein mit, der sie kurz auf Seite 406 von *The Theory of Gambling and Statistical Logic* erwähnt. Silverman diskutiert in seinem Buch zwei *Your Move* weitere Versionen. Elwyn Berlekamp wird seine beachtlichen Arbeiten über Quadrophage in einem Buch über Spiele darstellen, das er in Zusammenarbeit mit Conway und Richard K. Guy schreiben will. Ich will an dieser Stelle nur über einige einfache Tatsachen informieren.
»Quadrophag« wird meistens auf einem quadratischen Schachbrett mit der Kantenlänge n gespielt. Die verwendeten Steine setzen sich aus einer Schachfigur, in der Regel ein König, und Damesteinen zusammen. Letztere sind die Quadrophagen, die ich der Kürze halber als Quads bezeichnen möchte. Jedes Quad »frißt« das Feld, auf dem es sich gerade befindet. Dadurch wird der König daran gehindert, auf dieses Feld zu ziehen. In der Ausgangsstellung befin-

149

det sich der König auf dem zentralen Feld, falls die Kantenlänge des Brettes eine ungerade Zahl ist. Ist die Kantenlänge eine gerade Zahl, so steht der König auf einem der vier zentralen Felder. Der Rest des Spielfeldes ist leer. Ein Spieler bewegt den König in der üblichen Art und Weise. Sein Gegenspieler plaziert die Steine, und zwar q Stück auf einmal auf Q Felder. Wie beim Gospiel können sich einmal gesetzte Steine nicht mehr bewegen. Ziel des Königs ist es, ungestört an den Rand des Brettes zu gelangen. Die Quads dagegen versuchen, den König so einzusperren, daß er nicht mehr entkommen kann. Üblicherweise beginnt der Spieler mit den Quads; anschließend wird abwechselnd gezogen.

Ist $q = 4$ (in jedem Zug werden vier Felder gefressen), so kann man leicht zeigen, daß der König auf allen Brettern, deren Kantenlänge größer/gleich 5 ist, in nicht mehr als drei Zügen gefangen werden kann. (Natürlich entkommt der König sofort auf einem 4 mal 4-Brett). Ist q gleich 3, so braucht man etwas mehr Zeit, um herauszufinden, daß der König auf allen Brettern, deren Kantenlänge größer/gleich 6 ist, gefangen werden kann.

Ist q aber gleich 2, so beginnt das Spiel interessant zu werden. Auf dem 7 mal 7-Brett entkommt der König; auf dem 8 mal 8-Brett hingegen und auf allen größeren Brettern kann er gefangen werden. Die Strategie, die es im ersten Zug einzuschlagen gilt, zeigt Abbildung 66. Bewegt sich der König mit seinem ersten Zug auf eine der weißen Ecken zu – sagen wir auf die nordwestliche –, so belegt ein Quad das Feld, das sich zwei Felder westlich des Königs befindet. Der andere Quad besetzt das Feld, das sich an das besagte Feld unmittelbar nördlich anschließt. Danach (und auch bei allen anderen Anfangszügen außer den genannten des Königs) besteht die Strategie darin, den König dadurch zu blockieren, daß man mit Quads die weißen Randfelder besetzt. Steht der König auf einem an den Rand angrenzenden Feld, so müssen die Quads natürlich direkt nebeneinander liegen, um dem König den rettenden Durchbruch zu verwehren.

Wie steht es mit dem Fall $q = 1$? Kann der König immer entkommen, gleichgültig, wie groß das Brett ist? Überraschenderweise ist das nicht der Fall. Berlekamp hat bewiesen, daß der König bereits auf dem verhältismäßig kleinen 33 mal 33-Brett verloren ist. Unglücklicherweise sind sowohl sein Beweis als auch die von ihm entwickelte Strategie so kompliziert, daß sie hier nicht geschildert

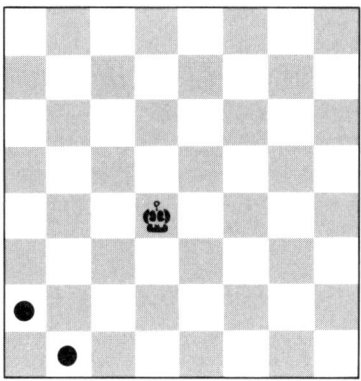

Abbildung 66: Die beiden Quads sind so angeordnet, daß der König gefangen werden kann.

werden können. Läßt man für den König nur orthogonale Züge zu, so hat Golomb für den Fall $q = 1$ bewiesen, daß der König auf dem 7 mal 7-Brett entkommen kann, während er schon auf dem 8 mal 8-Brett gefangen wird.

Obwohl der König auf einem gewöhnlichen Schachbrett mit Leichtigkeit entkommt*, gibt es doch eine interessante, von Silverman vorgeschlagene Variante des Spiels, die sich ergibt, wenn man versucht, mit dem König eine möglichst große Anzahl von Zügen zu machen, bevor er an den Rand kommt. Die Quads, von denen in jedem Zug einer gelegt werden darf, versuchen entweder den König zu fangen oder aber ihn so schnell wie möglich an den Rand zu zwingen. Entkommt der König, so bekommt er für jeden Quad, der sich auf dem Brett befindet, einen Punkt. Keine Punkte gibt es, wenn der König gefangen wird. Besonders interessant wird dieses Spiel, wenn man es auf einem 18 mal 18-Brett spielt.

Das Gobrett mit seinem großen Vorrat an Spielsteinen bietet bequeme Möglichkeiten, um sich mit ungelösten Quadrophagproblemen zu beschäftigen. Was beispielsweise geschieht, wenn man den König durch eine andere Schachfigur ersetzt? Handelt es sich bei dieser Figur um einen Läufer, einen Turm oder die Dame, so müssen wir, wollen wir Trivialitäten vermeiden, deren Zuglänge auf zwei beschränken. Nehmen wir an, unser Brett sei unendlich groß, aber

---

* wenn er in der üblichen Weise ziehen darf und $q = 1$ sein soll (A. d. Ü.)

unsere Figur könnte nur eine begrenzte Strecke, sagen wir eine Milliarde Felder, zurücklegen. Unter diesen einschränkenden Bedingungen läßt sich der Läufer mit Leichtigkeit in einem diagonalen Käfig fangen. Dieser entsteht, indem man drei Quads pro Zug so anordnet, wie das die Abbildung 67 a zeigt. Sind die Enden erst einmal blockiert, so kann der Läufer in der Diagonalen eingesperrt werden. Auch einen Turm können drei Quads pro Zug auf einfache Weise in einem orthogonalen Käfig, wie ihn Abbildung 67 b zeigt, einfangen. Sieben Quads können eine Dame sowohl horizontal als auch vertikal und diagonal einsperren. Lassen sich der Läufer oder der Turm auch mit bloß zwei Quads einfangen? Sogar mit nur einem? Läßt sich die Dame mit weniger als sieben Quads einsperren?

Handelt es sich bei der Figur um einen Springer, so müssen wir diesen als befreit betrachten, wenn er auf ein Feld gelangt, das zwei Felder vom Rand entfernt ist. Im nächsten Zug wird er dann nämlich an den Rand springen. Auf einem 5 mal 5-, 6 mal 6- oder 7 mal 7-Brett hat der im Zentrum postierte Springer acht Züge zur Auswahl. Deshalb sind offensichtlich acht Quads erforderlich, um ihn einzufangen. Fünf Quads pro Zug können den Springer auf einem gewöhnlichen Schachbrett besiegen; auf einem 9 mal 9-Brett genügen sogar vier pro Zug. Die Abbildung 68 zeigt die gewinnbringenden Eröffnungszüge für die genannten Bretter. Ich muß allerdings hinzufügen, daß ich nicht ganz sicher bin, ob alle diese Informationen richtig sind.

Läßt sich ein Springer auf einem unendlichen Feld mit drei Quads pro Zug fangen? Ein Quad pro Zug ist sicherlich zuwenig, obwohl Berlekamp berichtet, daß er für diese Behauptung noch nach einem strengen Beweis suche.

Antworten

Der Anziehende gewinnt das direkte 4 mal 4-Kreuzcram, aber nur dann, wenn er im ersten Zug zwei Zentrumsfelder oder zwei Felder, die sich in der Mitte einer Randlinie oder -reihe befinden, besetzt. Der Anziehende gewinnt auch das umgekehrte Spiel. Es scheint keine einfache Strategie für diese beiden Spiele zu geben. Die Spielbäume, die dazu gehören, sind so kompliziert, daß ich sie hier nicht

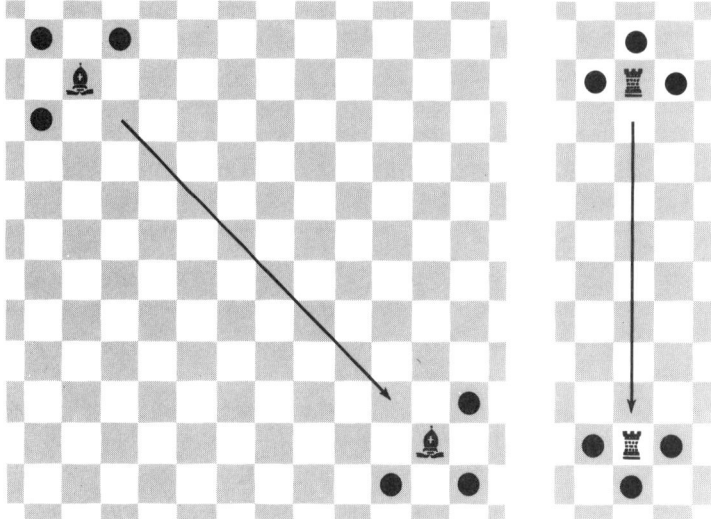

Abbildung 67: Wie drei Quads pro Zug einen Läufer (a) und einen Turm (b) auf einem unendlichen Brett einfangen können

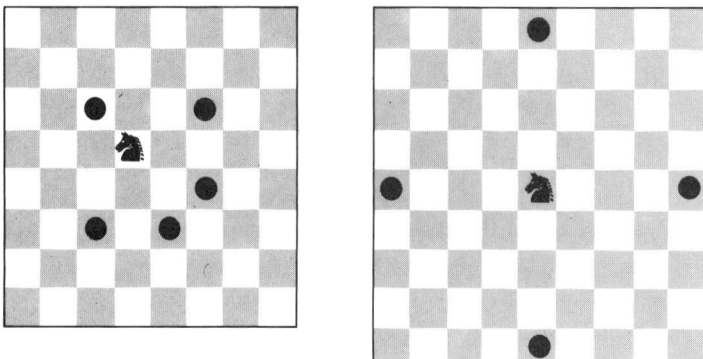

Abbildung 68: Das Einfangen eines Springers auf einem 8 mal 8-Feld (links) und einem 9 mal 9-Feld (rechts)

darstellen kann. Mehrere Leser haben in Zuschriften bewiesen, daß der Nachziehende das direkte 5 mal 5-Kreuzcram gewinnt, das umgekehrte aber verliert.

Während das Kreuzcram im allgemeinen sowohl für die gewöhnliche

153

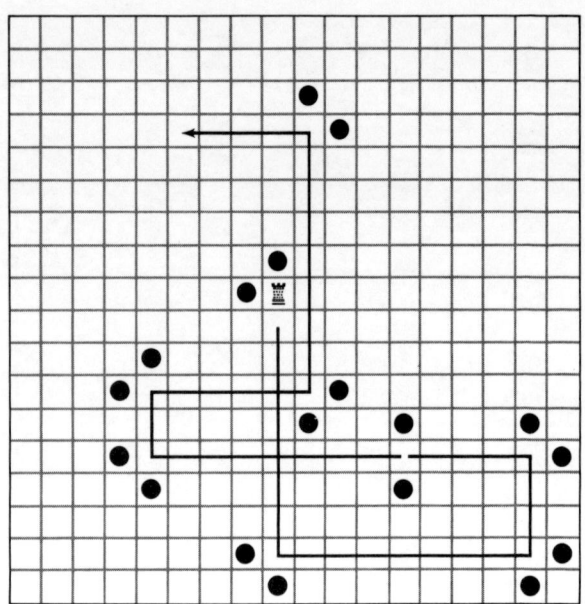

Abbildung 69: Wie man einen Turm mit zwei Quads pro Zug einfangen kann

als auch für die umgekehrte Form ungelöst geblieben ist, konnte Bynums Spiel für alle rechteckigen Bretter aufgeklärt werden. Eine vollständige Analyse mit einigen bemerkenswerten Variationen findet man im Kapitel 15 von Conways Buch *Über Zahlen und Spiele.* Conway bezeichnet Bynums Spiel als »eines der interessantesten, die wir studiert haben«. Mehr über dieses Spiel, das die Autoren das »domineering game« nennen, sowie eine Diskussion von Kreuzcram findet sich auch in *Winning Ways* (vergl. Bibliographie).

Beträgt die maximale Zuglänge des Turmes beim Quadrophage n Felder, so kann er mit zwei Quads pro Zug auf einem Brett der Kantenlänge $2n + 2$ eingefangen werden. Die Strategie ist die folgende: Man betrachtet die freien Wege vom Standfeld des Turmes in Richtung auf die Seiten des Brettes hin. Dann setzt man die Quads auf die Felder unmittelbar neben den Turm, und zwar so, daß die beiden kürzesten Wege zum Rand abgeschnitten werden. (Sind zwei Entfernungen gleich, so kann man beliebig wählen.) Abbildung 69 verdeutlicht diese Strategie auf einem Gobrett, wobei die Turm-

154

züge auf die Länge kleiner/gleich 8 beschränkt sein sollen. Offensichtlich ist der Turm nicht imstande, jemals den Rand zu erreichen. Irgendwann einmal muß er auf ein Quad treffen. Tritt dies ein, so engen ihn Quads zu beiden Seiten weiter ein, und der Turm sitzt bald in der Falle. Dieselbe Vorgehensweise erlaubt es, einen Läufer auf einem sägeblattförmigen Brett einzufangen, dessen eine Seite $2n + 2$ lang ist. Dabei bedeutet n wieder die Maximallänge der Läuferzüge. Abbildung 70 zeigt, wie diese Strategie auf einem sägeblattförmigen 18 mal 18-Brett funktioniert, falls der Läufer entlang der Diagonalen nicht mehr als acht Felder weit ziehen kann. Solche sägeblattförmigen Bretter mit der Seitenlänge $2n + 2$ sind im Falle des Läufers gleichwertig mit gewöhnlichen Schachbrettern der Kantenlänge $4n + 3$. Das abgebildete sägeblattförmige Brett ist also einem 35 mal 35-Schachbrett äquivalent, auf dem der Läufer sich auf Feldern bewegen muß, die dieselbe Farbe wie die vier Eckfelder haben. Eine ähnliche Strategie kann mit vier Quads pro Zug die Dame einfangen. Ist n größer als 2, so ist anscheinend ein Brett der Kantenlänge größer/gleich $4n + 2$ erforderlich. (Also läßt sich eine Dame mit der maximalen Zuglänge 8 auf einem 34 mal 34-Brett einfangen.) Im ersten Zug besetzt man die vier Eckfelder durch Quads. Danach wird wieder die Strategie der »nächstliegenden Ränder« angewendet. Hat man die Wahl zwischen (gleichlangen) horizontalen oder vertikalen und diagonalen Blockaden, so entscheide man sich fürs erstere.

Ergänzungen

Viele Leser haben herausgefunden, wer das 5 mal 5-Cram gewinnt. Der Nachziehende gewinnt in der gewöhnlichen Variante, verliert aber in der umgekehrten. Magnus Tidemann aus Schweden hat mir die vollständigste Analyse geschickt. Er hat auch nachgewiesen, daß der Anziehende das gewöhnliche 3 mal 5-Spiel verliert. Der Nachziehende siegt ebenfalls im umgekehrten 4 mal 5-Spiel. Dagegen gewinnt der Anziehende das umgekehrte 3 mal 6-Spiel. Beim 3 mal 7-Brett bleibt der Anziehende in der direkten Variante siegreich, während er in der umgekehrten unterliegt. Eine allgemeine Strategie ist nicht bekannt.

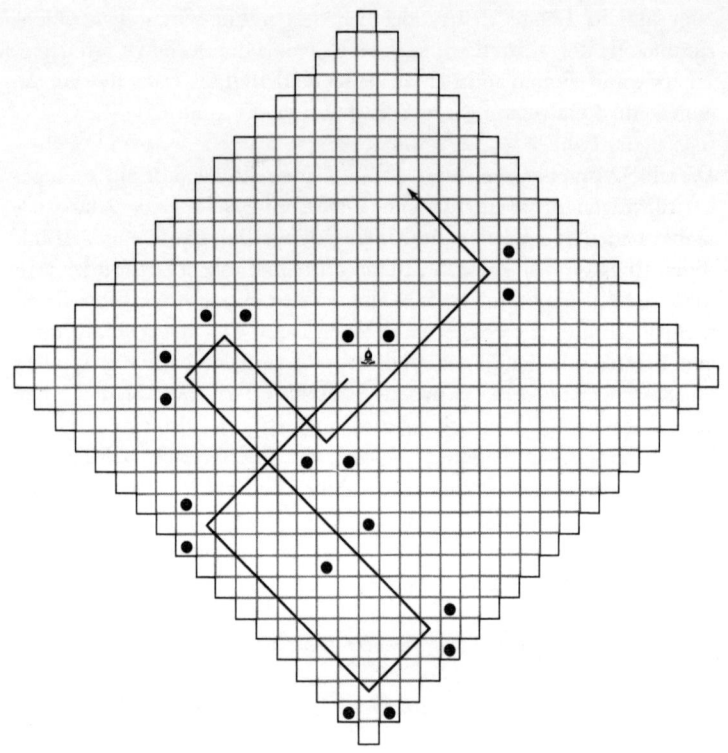

Abbildung 70: Wie man einen Läufer mit zwei Quads pro Zug einfängt

Eine besondere Variante von Cram, bei der Dominosteine nach bestimmten Regeln auf ein 6 mal 6-Brett gelegt wurden, konnte man in Frankreich Anfang der 70er Jahre unter dem Namen Cogito kaufen.

Spielt man Cram auf einem 1 mal m-Brett – wir wollen in diesem Fall vom linearen Cram sprechen –, so erhält man ein Spiel, das bereits 1934 von T. R. Dawson vorgeschlagen worden ist, und zwar in der Dezemberausgabe vom *Fairy Chess Review*. Dort beschrieb er eine Verallgemeinerung eines Spieles, bei der die Spieler abwechselnd k aneinandergrenzende Spielsteine aus n Reihen entfernen. Ist $n = 1$ und $k = 2$, so ergibt sich das lineare Cram. Das Spiel ist ebenfalls gleichwertig mit Regulus, einem ungelösten Spiel, das David L. Silverman in seinem Buch *Your Move* vorgestellt hat.

Das lineare Cram in der gewöhnlichen Form wurde 1956 durch Richard K. Guy und Cedric A. B. Smith in ihrer klassischen Arbeit über nimartige Spiele vollständig gelöst. Deren Titel lautete »The G-values of various games« (Die G-Werte verschiedener Spiele – siehe Bibliographie). In ihrem Bezeichnungssystem trägt dieses Spiel den Namen 0,07 aus Gründen, auf die wir hier nicht einzugehen brauchen. Wie bereits früher bemerkt, gewinnt der Anziehende, falls m gerade ist, indem er das Zentrum besetzt und symmetrisch fortsetzt. Ist m ungerade, so entwickelt sich das Spiel mit der merkwürdigen Periode 34. Die vollständige Lösung lautet: Der Nachziehende gewinnt auf allen Brettern, wenn m ungerade ist, und ansonsten auf den Brettern, deren Felderzahl entweder gleich 0, 1, 15 oder 35 modulo 34 oder aber gleich 5, 9, 21, 25 oder 29 modulo 29 ist. Die umgekehrte Form des linearen Cram bleibt weiterhin ungelöst. Computerprogramme, die alle Fälle bis zur Spielfeldlänge 43 untersucht haben, zeigten, daß der Nachziehende für $m = 2, 3, 7, 8, 12, 16,$ 17, 21, 22, 26, 30, 31, 35, 36 und 40 gewinnt. In dieser Reihe ist eine Periodizität von 14 zu erkennen – die Zahlen lassen sich alle auf 2, 3, 7, 8 und 12 (modulo 14) zurückführen. Ob diese Periodizität sich für größere Werte von m fortsetzt, ist noch nicht bekannt. Ashok Chandra, ein Mathematiker im Forschungsbereich von IBM, hat einen eleganten Beweis dafür gefunden, daß der Nachziehende das umgekehrte Cram auf allen Feldern der Form 2 mal $(2m + 1)$ gewinnen kann.

Wird das lineare Cram mit geraden Triminos (das sind 1 mal 3-Rechtecke) gespielt, so nennt man es nach Guy und Smith das 0,007-Spiel. Diese »James Bond«-Version, wie Conway dafür in seinem Buch *Winning Ways* sagt, konnte bis jetzt nur in der gewöhnlichen Variante für Felder ungerader Länge gelöst werden. Der Anziehende gewinnt hier, indem er das Zentrum besetzt und symmetrisch weiterspielt. Ist m gerade, so konnte bislang keine Periodizität in den zu den Spielen gehörigen G-Zahlen (Grandy-Zahlen) gefunden werden. In seiner umgekehrten Form ist das Triminocram weder für gerade noch für ungerade Längen gelöst worden. Conway hat gezeigt, daß das Triminocram isomorph ist zu Tick-Tack-Toe, wenn dieses auf einem linearen Feld gespielt wird, wobei es das Ziel ist, drei unmittelbar benachbarte Marken zu bekommen und beide Spieler dieselbe Art von Marken verwenden.

Der bekannte Graphentheoretiker Frank Harary spricht vom einfarbigen linearen Tick-Tack-Toe. Es ist erstaunlich, daß ein derart einfaches Spiel so schwer zu lösen ist.

Quadrophage betreffend haben viele Leser Beweise geschickt, daß ein Quad pro Zug ausreicht, um einen Turm oder Läufer einzufangen und daß drei Quads pro Zug genügen, um die Dame zu fangen. Wir wollen annehmen, daß der Turm nur n Felder weit ziehen darf. Die Fangstrategie, die von einem Minimalbrett der Abmessung $8n^2 + 3$ mal $8n^2 + 3$ ausgeht, sieht so aus: Die ersten $4n$ Züge werden darauf verwendet, mit jeweils n Quads die vier Eckfelder abzuschirmen (gleichgültig, wie der Turm zieht). Alle vier Ecken können auf diese Weise abgedeckt werden, bevor der Turm eine Ecke attackieren kann. Weil der Turm dann in einem Zug immer nur ein Feld des Randes angreifen kann, genügt ein einziges Quad, um die Einschließung zu vollenden.

Wie bereits zuvor erwähnt, ist ein Läufer auf einem sägeblattartigen Feld äquivalent zu einem Turm auf einem gewöhnlichen Feld. Aus diesem Grunde wird die gerade beschriebene Strategie einen Läufer auf einem sägeblattförmigen Brett der Kantenlänge $8n^2 + 3$ einfangen oder auf einem gewöhnlichen Schachbrett der Kantenlänge $16n^2 + 5$. Eine ähnliche Strategie fängt eine Dame mit drei Quads pro Zug auf einem Brett mit der Seite $2n \times [8n/3] + 3$. Dabei bedeutet n die Maximalanzahl von Feldern, die die Dame ziehen darf, und die eckigen Klammern bedeuten Aufrunden auf die nächstgrößere natürliche Zahl. Unabhängig vom ersten Zug der Dame besteht die Strategie darin, $2n$ Quads (drei pro Zug) auf beiden Seiten jeder Ecke zu plazieren. Das hindert die Dame daran, in allen nachfolgenden Zügen mehr als drei Randfelder anzugreifen. Chandra hat nachgewiesen, daß eine Dame, die nur zwei Felder weit ziehen darf, von zwei Quads pro Zug auf einem Brett der Kantenlänge 67 gefangen werden kann. Vermutlich geht dies auch auf kleineren Brettern.

Mehrere Leser haben herausgefunden, daß sich der Springer mit drei Quads pro Zug fangen läßt. E. N. Adams hat gezeigt, wie das auf einem 19 mal 19-Gobrett zu bewerkstelligen ist. Vermutlich geht es auch auf einem 16 mal 16-Brett. In einem überraschenden Brief von Jerry Butters findet sich eine Vorgehensweise, mit deren Hilfe man den Springer mit bloß zwei Quads pro Zug fangen kann. Sein 13 Seiten langer Beweis geht von einem Brett der Seitenlänge 4500 aus. Diese Größe läßt sich sicherlich erheblich reduzieren. Derzeit gibt es allerdings nur Vermutungen darüber, wie klein das Brett sein darf. Wird nur ein Quad pro Zug gesetzt, so kann der Springer vermutlich auf einem unendlichen Brett entkommen. Allerdings verfügt niemand über einen Beweisansatz hierfür. Weite Gebiete des Quadrophag bleiben unergründet. So können wir beispielsweise danach fragen, wie zwei oder mehr Figuren – die nicht gleichartig sein müssen – gefangen werden können. Wir können auch Märchenschachfiguren zulassen, wie etwa die Superdame, die wie Springer, Läufer und Turm ziehen kann. Weil wir beliebig bizarre Märchenschachfiguren einführen können, ist der Bereich von Quadrophagen offensichtlich unbegrenzt.

Conway hat Steine wie den Engel betrachtet. Dieser darf auf jedes Feld ziehen, das ein König mit n Zügen erreichen kann, wobei n einen beliebigen Wert annehmen kann. Beispielsweise kann n gleich 1000 sein. Weil der Engel Flügel hat, kann er über Quads hinwegfliegen auf jedes leere Feld, das innerhalb seiner Reichweite von 1000 Feldern liegt. Der Autor von *Winning Ways* formuliert seine Einsicht so: Der Teufel, der die Quadseite repräsentiert, »gewinnt, wenn er den Engel mit einem schwefelfarbenen Graben aus aufgefressenen Feldern umgeben kann, der tausend Felder breit ist«. Beschränkt man den Teufel auf ein Quad pro Zug, so erscheint es wahrscheinlich, daß der Engel stets entkommen kann. Allerdings hat noch keiner eine explizite Strategie gefunden, die einen Beweis ermöglichen würde. Neben Conway hat sich auch Andreas Blass, ein Mathematiker an der Universität von Michigan, Gedanken über den Engel und über eine mögliche Strategie, ihn zu fangen, gemacht. Blass und Conway haben das überraschende Ergebnis bewiesen, daß der Teufel, wird ihm nur ein Quad pro Zug zugestanden, den Engel unendlich oft dazu zwingen kann, sich bretteinwärts zu bewegen (und zwar beliebig weit). Der Beweis beruht auf der Konstruktion von Bögen aus Quads, die den Engel dazu zwingen umzukehren, um das Hindernis zu umgehen.

Blass und Conway haben auch andere Märchenschachfiguren, wie beispielsweise den Papst – das ist ein Engel ohne Flügel – und den Verrückten, das ist ein Engel, der niemals nach Süden ziehen kann, studiert. Sie haben sich auch mit dem Flüchtling – einem Engel, der nicht auf sein Ausgangsfeld zurückkehren darf – beschäftigt. Blass hat gezeigt, daß der Verrückte, der rennt, wo der Engel kaum aufzutreten wagt, vom Teufel gefangen werden kann.

Eine kurze Diskussion über Quadrophage findet sich im zweiten Band von *Winning Ways*. Dort wird auch eine Erweiterung dieses Spieles geschildert, bei dem der Felderfresser in jedem Zug sowohl weiße als auch schwarze Gosteine setzt. Die schwarzen Steine bleiben ein für alle Male liegen, während ein weißer Stein auf ein beliebiges leeres Feld bewegt werden kann. Dabei gilt das Feld, das er verläßt, als nicht gefressen. In jedem Zug verfügt der Felderfresser über drei Möglichkeiten.

1. Er kann einen Stein von beliebiger Farbe auf ein Feld legen.

2. Er kann einen nichtseßhaften weißen Stein verschieben.

3. Er kann passen.

10
Wurmpfade

Neue Methoden, mit deren Hilfe man bei Kindern die Freude an der Mathematik fördern will, kommen und gehen. (Das jüngste Beispiel ist das Fiasko »Neue Mathematik«.) Und mancher Mathematiklehrer wird vielleicht für sich den Ratschlag entdecken, den John Dewey schon vor 75 Jahren gab: »Kinder lernen am besten, wenn sie etwas tun, das ihnen Spaß macht.« Mit dieser Idee im Hinterkopf hat Seymour A. Papert – früher Assistent von Jean Piaget und heute am Fachbereich für Künstliche Intelligenz des Massachusetts Institute of Technology tätig – eine Vielzahl von Robotern entworfen, die wie Tiere aussehen und von einem Tischcomputer aus gesteuert werden. Einer davon ist der »Igel«, der auf seiner Unterseite einen Schreibstift trägt. Gibt man ein bestimmtes Programm ein, so zeichnet der Igel geometrische Figuren, indem er auf großen Bögen Papier auf dem Boden herumkriecht.

Es ist eine alte Idee, geometrische Figuren als Wege zu definieren, die von einem sich bewegenden Punkt beschrieben werden. Betrachten wir beispielsweise das Quadrat. Anstatt zu sagen: »Das Quadrat ist ein vierseitiges Vieleck mit vier gleichen Seiten und rechten Winkeln«, können wir auch vom Pfad eines Wurmes sprechen, der gemäß der folgenden Anweisung in einer Ebene umherkriecht: Bewege dich um k Einheiten geradlinig nach vorn, drehe dich um 90° nach links und wiederhole diese Anweisung, bis du zum Ausgangspunkt deines Pfades zurückkommst.

Der idealisierte Wurm (der sich bewegende Punkt also) kann so programmiert werden, daß er jedes aus geraden Linien bestehende Muster erzeugt. Die folgende Frage stellt sich fast von selbst: Welche Arten von Programmen mit sehr einfachen Anweisungen ergeben interessante oder anmutige Muster? Eine wirksame Methode, die erforderlichen Anweisungen zu vereinfachen, besteht darin, den Wurm nur entlang eines regulären Gitters kriechen zu lassen. Das

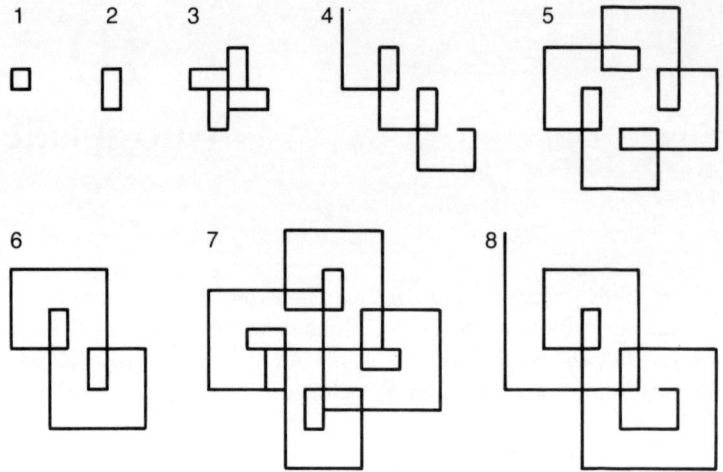

Abbildung 71: Spirolaterale der Ordnung 1 bis 8, wobei die Drehung immer in dieselbe Richtung erfolgt

erlaubt es uns wiederum, mit solchen »Wurm-Anweisungen« auf Papier (mit Rechenkästchen oder auf Millimeterpapier) herumzuspielen. Noch besser ist es, wenn man über einen Computer mit Monitor verfügt. Dann kann man einfache Programme schreiben und sich anschauen, wie ein Lichtpfad auf dem Bildschirm wächst.

Der britische Biochemiker Frank C. Odds hat kürzlich bestimmte Anweisungen, die Muster erzeugen, »Spirolaterale«* getauft. Der Wurm kriecht eine Einheit nach vorn, dann dreht er sich zur Seite, kriecht zwei Einheiten weiter, dreht sich, kriecht drei Einheiten weiter und so fort. Diese Anweisung wird so lange ausgeführt, bis die Länge des zurückzulegenden Segmentes eine spezielle Schranke n überschreitet. Dann beginnt das Programm von vorn. Der Drehwinkel soll immer derselbe sein. Allerdings kann sich der Wurm, je nach Programm, nach rechts oder nach links drehen. Die Zahl n, die sowohl die Anzahl der Segmente als auch die Anzahl der Drehungen angibt, bevor die Serie sich wiederholt, heißt die Ordnung der Spirolaterale.

---

* Im Deutschen ist auch Spirale oder LOGO-Spirale geläufig. Die von Papert entwickelte Programmiersprache heißt LOGO.

162

Zwei Beispiele werden das veranschaulichen. Ist die Ordnung 1, der Drehwinkel 90° und erfolgen alle Drehungen in dieselbe Richtung, so ist die Spirolaterale ein Quadrat. Wenn Drehwinkel und Richtung gleichbleiben, aber die Ordnung auf 7 geändert wird, ist die Spirolaterale ein bezauberndes geschlossenes Muster. In Abbildung 71 sind alle rechtwinkligen Spirolateralen der Ordnungen 1 bis 8 zu sehen. Die Drehung erfolgt immer in dieselbe Richtung. Es ist leicht einzusehen, wie Odds auf den Namen »Spirolaterale« gekommen ist: »lateral« steht für die ebene Fläche und »spiro« für die quadratische Spirale, die die Figur erzeugt. Man beachte, daß sich die Spirolateralen der Ordnungen 4 und 8 nicht schließen (d. h. sie kehren nicht zu ihrem Ursprung zurück). Sie zucken bis ins Unendliche hin und her – wie Odds sich ausdrückte. Es ist in der Tat nicht schwierig zu beweisen, daß bei den Ordnungen 4, 8, 12, 16 ... keine Schließung stattfindet und daß eine doppelte Ausführung der Quadratspirale die Figur schließt, falls ihre Ordnung 2, 6, 10, 14 ... ist. Dabei entsteht ein zweifach symmetrisches Muster. Alle anderen Ordnungen schließen sich nach vier Wiederholungen und zeigen eine vierfache Symmetrie.

Es gibt eigentlich keinen Grund dafür, warum alle Drehungen in dieselbe Richtung gehen müßten. Allerdings wird das Muster der Spirolateralen dann so unübersichtlich, daß eine besondere Notationsweise erforderlich ist. Odds schlägt vor, den Winkel als Index an die Ordnungszahl anzufügen und mit rechts- bzw. linksgestellten Exponenten anzudeuten, in welche Richtung die Drehungen gehen sollen. So bedeutet beispielsweise $^{1,7}9_{90}$ eine Spirolaterale mit neun Drehungen zu 90°, wobei die erste und die siebte Drehung nach links erfolgen sollen. Alle anderen Drehungen – so wird stillschweigend vorausgesetzt – gehen nach rechts. Dieselbe Spirolaterale ließe sich auch mit rechtsgestellten Exponenten definieren, die entsprechenden Drehungen würden dann nach rechts erfolgen $9_{90}^{2,3,4,5,6,8,9}$. Die erste Schreibweise erscheint im vorliegenden Falle vorteilhafter.

Abbildung 72 zeigt zwei rechtwinklige Spirolateralen mit gemischten Links- und Rechtsdrehungen. Spirolateralen mit den Drehwinkeln 36°, 45° und 60° sind in Abbildung 73 zu sehen. Spirolateralen mit 60° Drehungen lassen sich leicht auf Millimeterpapier zeichnen. Auch 45° Drehungen lassen sich einfach mit einem Zirkel und

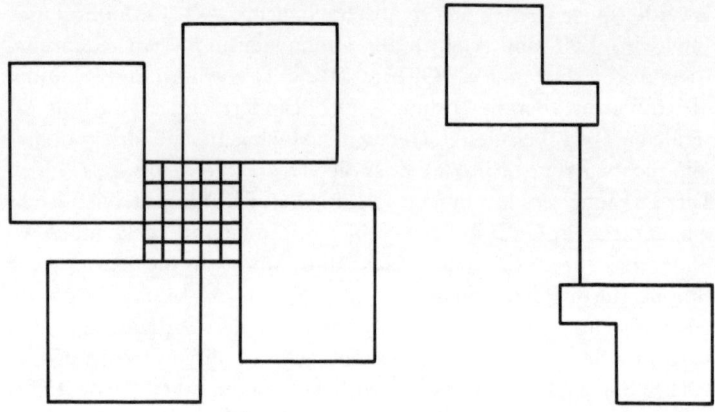

Abbildung 72: 90° Spirolaterale mit gemischten Drehungen: 9^6_{90} (links) und $8^{1,4,8}_{90}$ (rechts)

einem Geodreieck konstruieren. Bei anderen Drehwinkeln muß man sich allerdings mehr anstrengen. Jeder Winkel, der ein Teiler von 180° ist, erzeugt eine Spirolaterale.

Über Spirolateralen ist wenig bekannt. Gelegentlich ergeben zwei verschiedene Definitionen Spirolateralen, die Spiegelbilder voneinander sind (das ist beispielsweise bei $^{1,2,3}7_{90}$ und $^{5,6,7}7_{90}$ der Fall). Allerdings weiß man bis jetzt noch nicht, wie man dies feststellen kann, ohne die Figuren zu zeichnen. Genauso wenig ist bekannt, wie die Formeln sich schließender Spirolateralen aussehen (von einfachen Ausnahmen abgesehen) oder wie man anhand der Formel voraussagen kann, wie viele Windungen eine sich schließende Spirolaterale machen muß, bevor sie sich schließt.

John Horton Conway von der Universität Cambridge versucht, sich den Wurmpfaden auf andere Art zu nähern. Anstatt den Wurm als Forschungsreisenden zu betrachten, sollte man sich vorstellen, er sei ein Vielfraß. Sein Futter besteht aus den Linien eines beliebig großen Gitters. Der Wurm schlüpft aus dem Ei an einem Gitterpunkt und beginnt dann die Gitterlinien entlangzuklettern – sich durchzufressen. In jedem Gitterpunkt entscheidet sich der Wurm, gemäß eines festen Bestandes von Regeln, welche Richtung er einschlägt. Vorausgesetzt wird, daß der Wurm niemals ein bereits angefressenes Stück noch einmal durchquert. Die Längen der Seg-

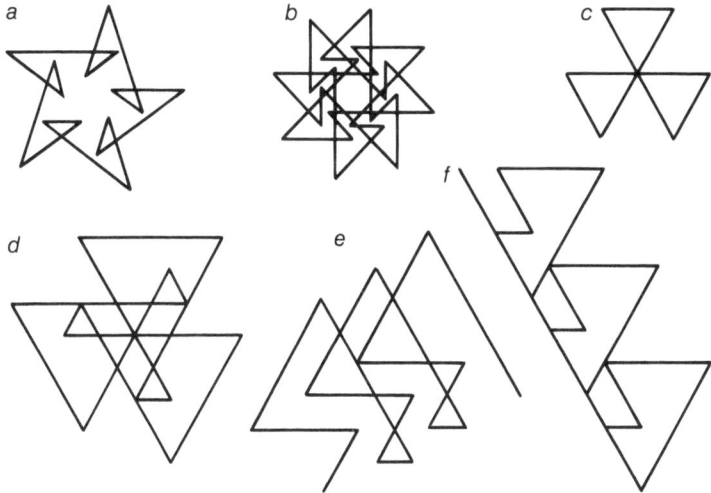

Abbildung 73: Spirolateralen: (a) 3_{36}, (b) $^13_{45}$, (c) 2_{60}, (d) $^{1,2}5_{60}$, (e) $^35_{60}$, (f) $^25_{60}$

mente müssen nicht feststehen, sondern lediglich die Drehrichtungen. Die eingeschlagene Richtung hängt nur von dem Zustand (aufgefressen oder nicht) der Segmente ab, die sich im fraglichen Knotenpunkt treffen.

Im Jahre 1973 veröffentlichte der Fachbereich für Künstliche Intelligenz des MIT die Arbeit »Paterson's Worm« (Patersons Wurm) von Michael Beeler, die sich ausschließlich mit Wurmpfaden beschäftigte. Das Folgende ist entweder wörtlich oder sinngemäß aus dieser Abhandlung zitiert mit Zustimmung des Autors und Marvin Minskys, der den Fachbereich leitet.

Beeler versucht das Problem bildlich zu erklären:
»Einige prähistorische Würmer ernährten sich von den Sedimenten im Matsch auf dem Boden von Teichen. Sie werden einen Pfad, den sie schon einmal durchwandert hatten, nicht noch ein zweites Mal erkunden, weil dort zu wenig Futter zu finden ist. Das Futter tritt in räumlich klar begrenzten Gebieten auf.« Deshalb war es vorteilhaft, in der Nähe »alter, ertragreicher« Pfade zu bleiben. Die Würmer verfügten über angeborene »Regeln«, die ihnen z. B. sagten, wie nahe sie bei einem »abgegrasten« Pfad bleiben sollten, wie weit – gerechnet von der nächsten Drehung – sie

165

fressen und um welchen Winkel sie sich drehen sollten etc. Diese »Regeln« variierten von Art zu Art. Paläontologen können die Entwicklung der Arten nachzeichnen und die Ähnlichkeiten verschiedener Arten anhand fossiler Zeugnisse von Wurmpfaden bestimmen. (Man vergleiche hierzu *Science* vom 21. November 1969. Dort wird auch die Computersimulation von natürlichen Wurmpfaden diskutiert.)

Michael Paterson (ein Informatiker an der Universität Warwick) erwähnte Anfang 1971 mir gegenüber eine mathematische Idealisierung dieses prähistorischen Wurmes. Er und John Conway hatten sich für einen Wurm interessiert, der darauf beschränkt ist, nur das zu fressen, was entlang der Linien eines Gitters von Rechenkästchen aufzufinden ist.

Gelangt ein Wurm an einen Knoten, von dem nur nicht-gefressene Segmente abzweigen (mit Ausnahme des Segmentes, das der Wurm gerade gefressen hat), und sollte er in seinen Anweisungen den Befehl »In dieser Situation gehe geradeaus weiter« finden, so würde er immer nur geradeaus weitergehen. Wir wollen diesen Fall ausschließen, weil er für uns nicht interessant ist und auch einem realen Wurm wenig nützlich wäre, da bald die Grenze seines Futterbereiches erreicht wäre. Wir verlangen also, daß alle Regeln im Falle eines unberührten Knotens eine Drehung vorschreiben. Um spiegelbildliche Duplikate zu vermeiden, wollen wir weiter annehmen, daß sich der Wurm nach rechts dreht (also von oben betrachtet im Sinne des Uhrzeigers).«

Betrachten wir das, was Beeler einen »einfachen Quadrillewurm« nennt: Ein Wurm, der auf einem quadratischen Gitter herumkriecht und sich in jedem Knoten nach rechts dreht. Was geschieht, nachdem er ein Quadrat durchkrochen hat? Er kann sich nicht mehr nach rechts wenden, weil er dann in einem bereits abgefressenen Segment landen würde. Also hat er nur zwei Möglichkeiten. Ist er so programmiert, daß er sich dann und nur dann nach links dreht, wenn er sich nicht nach rechts drehen kann, so wird er zwei Quadrate durchlaufen (vergl. Abb. 74 a). Dann sind keine abgefressenen Segmente mehr erreichbar, und der Wurm stirbt. Ist er aber so programmiert, daß er geradeaus weitergeht, wenn er sich nicht nach rechts drehen kann, und er sich nach links wendet, wenn er weder geradeaus noch nach rechts kann, so wird er fünf Quadrate abfressen, bevor er am Ausgangspunkt wieder angelangt ist (Abb. 74 b). Diese beiden

166

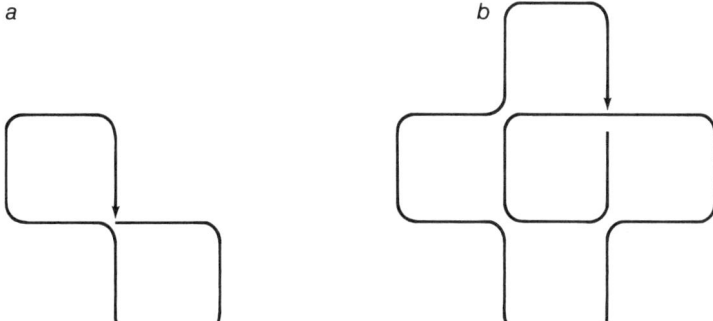

a   b

Abbildung 74: Fossile Spuren der beiden einzigen Arten von einfachen Quadrille-
würmern

fossilen Spuren schöpfen die Möglichkeiten der einfachen Quadrillewürmer vollständig aus. Um ein vorzeitiges Sterben der Würmer auszuschließen, schlug
Conway vor, die Quadrillewürmer mit der Fähigkeit auszustatten,
die Situation hinsichtlich gefressener und noch nicht gefressener
Segmente überblicken zu können. Ein Wurm könnte beispielsweise
programmiert sein, sich nur dann nach rechts zu drehen, wenn er
bemerkt, daß er auf diese Weise zu einem Knoten gelangt, in dem
vier noch nicht gefressene Segmente zusammentreffen. Andernfalls
geht er geradeaus weiter. Das Resultat ist eine einfache quadratische
Spirale. Lautet die Anweisung aber, er solle sich immer dann nach
links wenden, wenn ihn eine Rechtsdrehung zu einem Knoten führen
würde, in den mindestens ein abgefressenes Segment mündet, so ist
der entstehende Pfad eine interessante Spirale (vergl. Abb. 75).
Natürlich ist es einfach, mit Hilfe noch komplizierterer Regeln weit
raffiniertere Pfade zu erzeugen.
Die Anweisungen können alles mögliche beinhalten. Was geschieht,
wenn es den vorausschauenden Würmern erlaubt ist, zu springen?
Was passiert, wenn entsprechende Hindernisse eingebaut werden
oder wenn das Gitter nach allen Seiten hin begrenzt ist? Was ist,
wenn zwei oder mehr Würmer derselben oder verschiedener Arten
miteinander interagieren? Was geschieht, wenn ein gerade geschlüpf-
ter Wurm ein bestimmtes geradliniges Stück lang (beispielsweise drei
Einheiten) entlangkriecht, bevor sein sich wiederholendes Verhalten

167

Abbildung 75: Der unendlich lange Pfad eines vorausschauenden Quadrillewur-
mes, der sich nach links wendet, wenn er sich nicht nach rechts drehen kann

einsetzt? Wie steht es mit zwei sich aufeinander zu bewegenden
Wurmarmeen, die unterschiedlichen Programmen gehorchen? Wäre
das eine Möglichkeit für Wettkämpfe? Gibt es im drei- oder höher-
dimensionalen Raum interessante Pfade oder Muster?
Beeler vermeidet derartig knifflige Fragen, indem er seine Aufmerk-
samkeit den (von mir so benannten) »einfachen isometrischen Würmern« widmet. Das sind Würmer, die sich entlang eines isometrischen
Gitters bewegen, das aus lauter gleichseitigen Einheitsdreiecken
besteht. »Einfach« heißen diese Würmer, weil sie nicht mit der Gabe
der Vorausschau ausgestattet sind. In einem derartigen isometrischen
Gitter treffen sich in jedem Knoten sechs – und nicht mehr vier –
Segmente. Das scheint auf den ersten Blick kein großer Unterschied
zu sein, aber Beeler stellt klar, daß die sich hieraus ergebenden
Regelvarianten nicht weniger als 1296 Arten erlauben.

Alle einfachen Würmer, seien sie quadrillär oder isometrisch, gehorchen drei allgemeinen Regeln:

1. Ist in einem Knoten kein abgefressenes Segment vorhanden (außer dem, auf dem sich der Wurm gerade befindet), so dreht sich der Wurm nach rechts.
2. Sind alle Segmente, die sich in dem Knoten treffen, bereits aufgefressen, so stirbt der Wurm.
3. Ist nur ein einziges Segment am Knoten nicht aufgefressen, so entscheidet sich der Wurm für dieses.

Wie wir bereits gesehen haben, trifft ein einfacher Quadrillewurm gemäß den obigen Regeln nur auf einen »Fall«, in dem er sich entscheiden muß. Weil er nur zwei Möglichkeiten hat, können wir auch nur zwei Arten definieren. Dagegen bietet das isometrische Gitter einem einfachen Wurm vier Hauptfälle (von denen einer aus vier Unterfällen besteht), in denen Entscheidungen notwendig sind. Genau für das Verhalten dieser einfachen isometrischen Würmer interessierte sich Paterson. Auch Beelers Abhandlung beschäftigt sich hauptsächlich mit ihnen.

Diese Hauptfälle und alle zugehörigen Wahlmöglichkeiten sind in Abbildung 76 zu sehen. Die schwarzen Linien zeigen nicht gefressene Segmente, die durchbrochenen bereits gefressene Segmente auf dem Pfad des Wurms. Durch die Pfeile kann man sehen, wie sich der Wurm dem Knoten nähert und in welcher Richtung er sich von ihm entfernt.

Die vier Fälle sind die folgenden:

1. Der Wurm nähert sich einem Knoten, in den kein anderes gefressenes Segment mündet als dasjenige, auf dem er sich gerade befindet. Er kann sich entweder »gemäßigt« (gleich 120°) oder »brüsk« (gleich 60°) nach rechts drehen. Anzahl der Wahlmöglichkeiten: zwei.
2. Der Wurm trifft, wenn er zum ersten Mal zu seinem Ausgangspunkt zurückkehrt, auf ein abgefressenes Segment. Wie die Skizze zeigt, kann er sich diesem Knoten entlang einem von fünf verschiedenen Segmenten nähern. Zu jedem Zugang gibt es vier mögliche Abgänge. Anzahl der Wahlmöglichkeiten: vier.
3. Der Wurm trifft auf zwei abgefressene Segmente, wenn er zu einem Punkt auf seinem Pfad zurückkehrt. Der Knoten gehört entweder zu einer brüsken oder zu einer gemäßigten Drehung. In

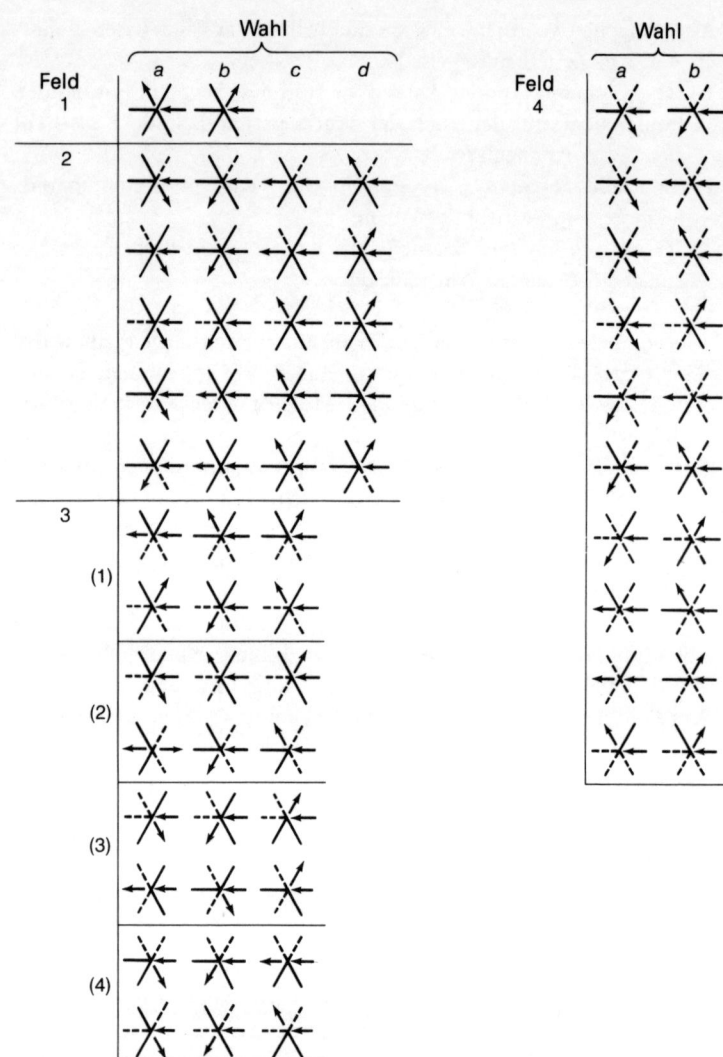

Abbildung 76: Fälle, in denen sich einfache isometrische Würmer entscheiden müssen

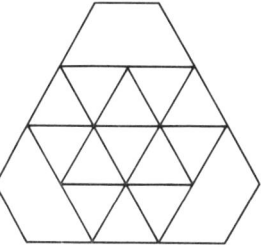

Abbildung 77: Pfad von vierzehn einfachen isometrischen Würmern

beiden Fällen gibt es vier mögliche Zugänge. Zu jedem Zugang wiederum gibt es drei mögliche Abgänge. Anzahl der Wahlmöglichkeiten: $3 \times 3 \times 3 \times 3 = 81$.
4. Der Wurm trifft auf drei abgefressene Segmente, wenn er zum zweiten Mal zu seinem Ausgangspunkt zurückkehrt. Dies kann auf 10 Arten geschehen, aber jeder dieser Zugänge erfordert nur die Wahl zwischen zwei Möglichkeiten, den Knoten wieder zu verlassen. Anzahl der Wahlmöglichkeiten: zwei

Trifft der Wurm auf vier oder fünf abgefressene Segmente, so hat er keine Wahl. Im ersten Fall muß er sich für das einzige nicht abgefressene Segment entscheiden. Im zweiten Fall gibt es kein Segment, für das er sich entscheiden könnte. Folglich stirbt er. Somit muß es $2 \times 4 \times 81 \times 2 = 1296$ Regeln geben, die jede für sich eine besondere Art von einfachen isometrischen Würmern definieren. Beeler benützte das Muster aus Abbildung 77, um zu erklären, wie diese Regeln funktionieren. In der von uns angewandten Notation (Abb. 76 – Beeler selbst arbeitet mit einer kompakteren, auf Dual- und Oktaldarstellungen beruhenden Schreibweise) wurde dieser fossile Pfad von einem $1_a 2_b 3_{acac} 4_b$-Wurm erzeugt. Diese Formel besagt: Trifft der Wurm eine Wahlmöglichkeit gemäß Fall 1, so befolgt er Regel a (d. h. er macht eine gemäßigte und keine brüske Drehung). Im Fall 2 richtet er sich nach Regel b. Die vier Indizes an der 3 beziehen sich auf die vier Unterfälle im Fall 3. Die Wahlen a, c, a und c entsprechen dem Programm des Wurmes. Im Fall 4 schließlich entscheidet sich der Wurm für b. Beeler rät dem Leser, an dieser Stelle einzuhalten und zu testen, ob er den Pfad auf einem Millimeterpapier gemäß den sieben angegebenen Regeln nachvollziehen

171

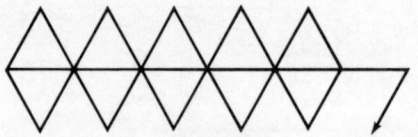

Abbildung 78: Zick-Zack-Pfad von 54 Würmern.

kann. (Es ist vorteilhaft, das Papier an jedem Knoten so lange zu drehen, bis das Muster auf dem Papier genau mit einem Diagramm der Abbildung übereinstimmt.) Der so beschriebene Pfad wird von 14 Würmern erzeugt. Einige von diesen legen genau denselben Weg zurück. So kommt beispielsweise eine Wahl im Sinne des ersten Unterfalles von Fall 3 niemals vor; deshalb spielt es keine Rolle, welche der drei Wahlmöglichkeiten a, b oder c das jeweilige Programm an dieser Stelle gerade vorsieht. Wir wollen dies innerhalb der Formel dadurch andeuten, daß wir diese drei Wahlmöglichkeiten in Klammern einfügen anstelle einer Alternative: $1_a 2_b 3_{(abc)cac} 4_b$. Diese Formel definiert nun drei verschiedene Würmer. Jeder von ihnen durchfrißt denselben Pfad in derselben Richtung. Andere Würmer erzeugen denselben Pfad auf andere Weisen.

Das Computerprogramm von Beeler hat das Verhalten aller 1296 Arten von einfachen isometrischen Würmern untersucht. Seine Ergebnisse zeigten, daß 209 Arten Pfade erzeugen, die einmalig sind in dem Sinne, daß keine andere Art denselben Pfad erzeugt. 46 Pfade sind für jeweils zwei Arten charakteristisch und 44 gehören zu mehr als zwei Arten. Also gibt es insgesamt 299 verschiedene Pfade. Der einfachste dieser 299 Pfade sieht aus wie das Zeichen für Radioaktivität (vergl. Abb. 73 c). Er besitzt die kleinste Länge (neun Einheiten) und die niedrigste Anzahl von Knoten (nämlich sieben). Dieser Pfad gehört zu nicht weniger als 162 Arten. Wenn wir Klammern verwenden, um Alternativen, auf die es nicht ankommt, anzudeuten, erhalten wir eine Formel, die alle 162 Arten definiert:

$$1_b 2_{(ac)} 3_{(abc)} \ _{(abc)} \ _{(abc)} \ _{(abc)} 4_b$$

Offensichtlich beschreibt diese Formel $2 \times 3 \times 3 \times 3 \times 3 = 162$ Regelmengen. Testet der Leser diese Formel mit Hilfe von Millime-

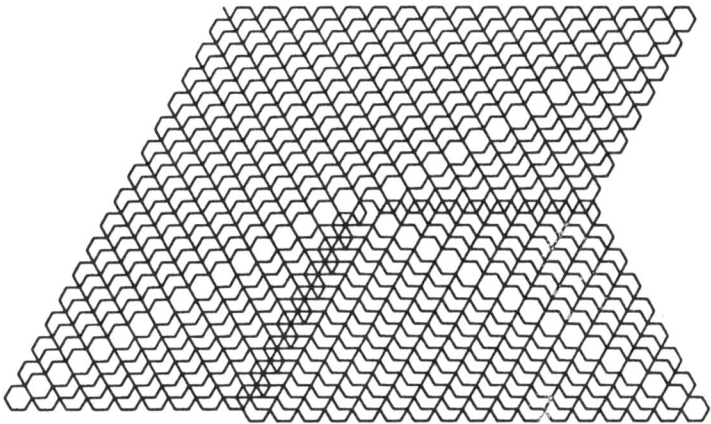

Abbildung 79: Eine von einem $1_a2_b3_{acba}4_a$-Wurm erzeugte Dreipunktspirale

terpapier, wird er feststellen, daß immer das Symbol für Radioaktivität entsteht – egal welche Entscheidung er in den Klammern trifft. Gibt es den längsten Pfad? Nein, denn viele Pfade kehren kein drittes Mal zum Ausgangspunkt zurück und sind deshalb unendlich. Ein trivialer unendlich langer Pfad, der Zick-Zack-Pfad, wird von 54 brüsken Würmern erzeugt, die durch die Formel $1_b2_c3_{(abc)}$ $_{(abc)b}4_{(abc)}$ beschrieben werden (vergl. Abb. 78). Andere Würmer umkreisen ihren Ausgangspunkt spiralförmig. Die Form der Spirale kann sechseckig, rautenförmig, dreieckig, sternförmig oder auch asymmetrisch sein (ein Beispiel für letzteres zeigt Abbildung 79). Diese »Rutschbahnbauer« sind eine andere Klasse von unendlichen Pfaden. Sie beginnen ganz konventionell, bekommen dann aber eine eigenartige spiralige Drehbewegung, die sich mit regelmäßigen Verschiebungen wiederholt. So kommt ein Sproß zustande, der ins Unendliche davonschießt (vergl. Abbl. 80). Der längste endliche Pfad, der bekannt ist, ist in Abbildung 81 zu sehen. Dieser Pfad wird von einem $1_a2_b3_{cbac}4_b$-Wurm erzeugt und ist 220 142 Einheiten lang. Bemerkenswert ist die an Kristalle erinnernde Regelmäßigkeit des Randes und der Linien, die sich nahe dem Rand kreuzen. Es ist schon eindrucksvoll, wie sich diese Regelmäßigkeit am Rand vom Chaos, das nahe dem Zentrum herrscht, unterscheidet. Der nicht erkennbare Ausgangspunkt befindet sich an einem Punkt links von Zentrum des Musters.

173

Um genau zu sein, muß man eigentlich von den *bekannten* endlichen Pfaden sprechen, weil die Pfade von rund einem Dutzend Würmern so lang sind, daß noch nicht geklärt werden konnte, ob sie nun endlich oder unendlich sind. So verfolgte beispielsweise Beeler den Pfad des $1_b2_a3_{bca}4_b$-Wurmes bis zu einer Länge von 10 Millionen Einheiten, ohne daß er herausfinden konnte, ob der Wurm schließlich stirbt oder ob er bis in alle Ewigkeit weiterfrißt. Einige Pfade haben das unstrukturierte Aussehen einer Wolke (vergl. Abb. 82). Andere, wie beispielsweise das »Superdeckchen«, zeigen die strenge sechsfache Symmetrie einer Schneeflocke (vergl. Abb. 83). Man beachte den sechszackigen Stern im Zentrum. Gelegentlich treten einer oder mehrere dieser Sterne als zufällig verstreute weiße Fleckchen in einer grauen Masse von dichtgepackten Einheitsdreiecken auf. Manchmal liegen diese Sterne getrennt voneinander, ein andermal überlappen sie sich teilweise und bilden so binäre oder ternäre Systeme. Diese Situation ist nicht allzu verschieden von unserer Welt, in welcher mathematische Gesetze niedriger Stufe eine reichhaltige Sammlung sowohl von regelmäßigen oder unregelmäßigen Objekten erzeugen als auch von Objekten, in denen Ordnung und Unordnung, Symmetrie und Asymmetrie bunt gemischt sind.

Beeler hat offenkundig erst die Oberfläche der Pathologien, die von isometrischen Würmern erzeugt werden können, gestreift. Sein Programm untersuchte nur die einfachste Art. Er unternahm keinen Versuch, die Regeln zu komplizieren oder herauszufinden, was geschieht, wenn einfache Würmer mit Hindernissen, Rändern oder anderen Würmern derselben oder einer anderen Art interagieren.

Ergänzungen

Am 13. August 1973 brachte *Newsweek* eine Story über Paperts Igel. Ein Mädchen, das in Mathematik zu den schlechtesten ihrer Klasse gehörte, war dabei, den Igel so zu programmieren, daß er ein bestimmtes Muster zeichnen sollte. »Diese Art von Mathe muß Spaß machen«, meinte ein vorübergehender Besucher. »In Mathe gibt's nichts Spaßiges«, erwiderte das Mädchen. Sie hatte keine Ahnung davon, daß sie da Mathematik betrieb – so berichtet *Newsweek* –, und Papert hielt es auch nicht für notwendig, ihr dies zu sagen.

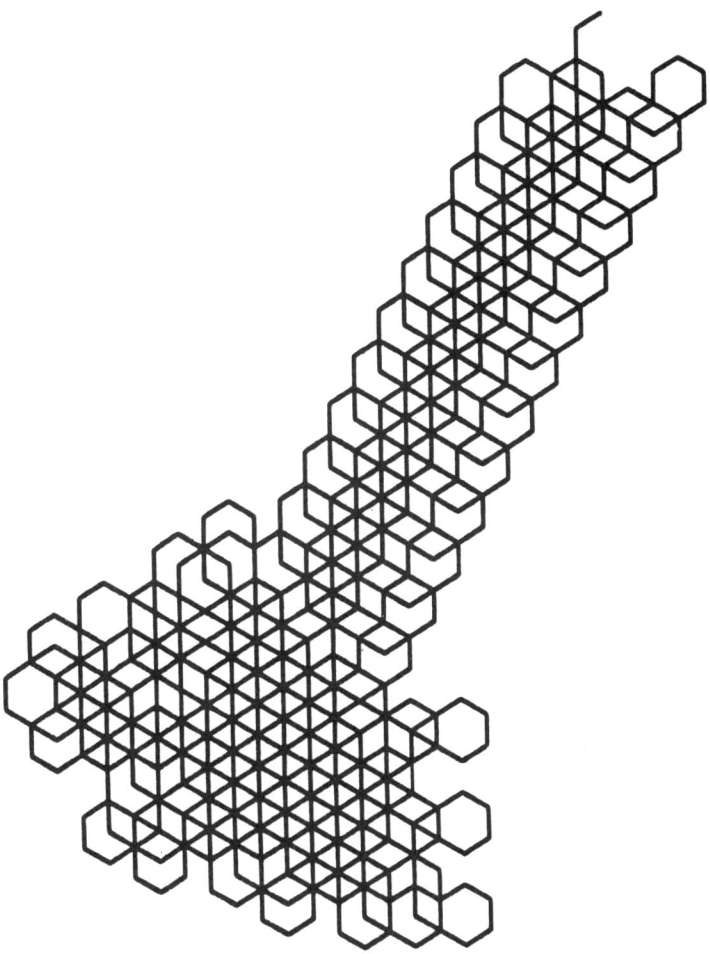

Abbildung 80: Rutschbahn, gebaut von einem $1_a2_d3_{caaa}4_b$-Wurm

Einige der Fragen, die sich im Zusammenhang mit Spirolateralen ergeben haben, wurden von Lesern beantwortet. Das Hauptproblem – »Wie kann man aus der Formel einer Spirolateralen entnehmen, ob sie geschlossen ist, und falls ja, in wieviel Schritten sie sich schließt?« – wurde von James Thomas, William Laubenheimer, Steven Wolfson und E. Lawrence McMahon gelöst. Es stellte sich heraus (darauf

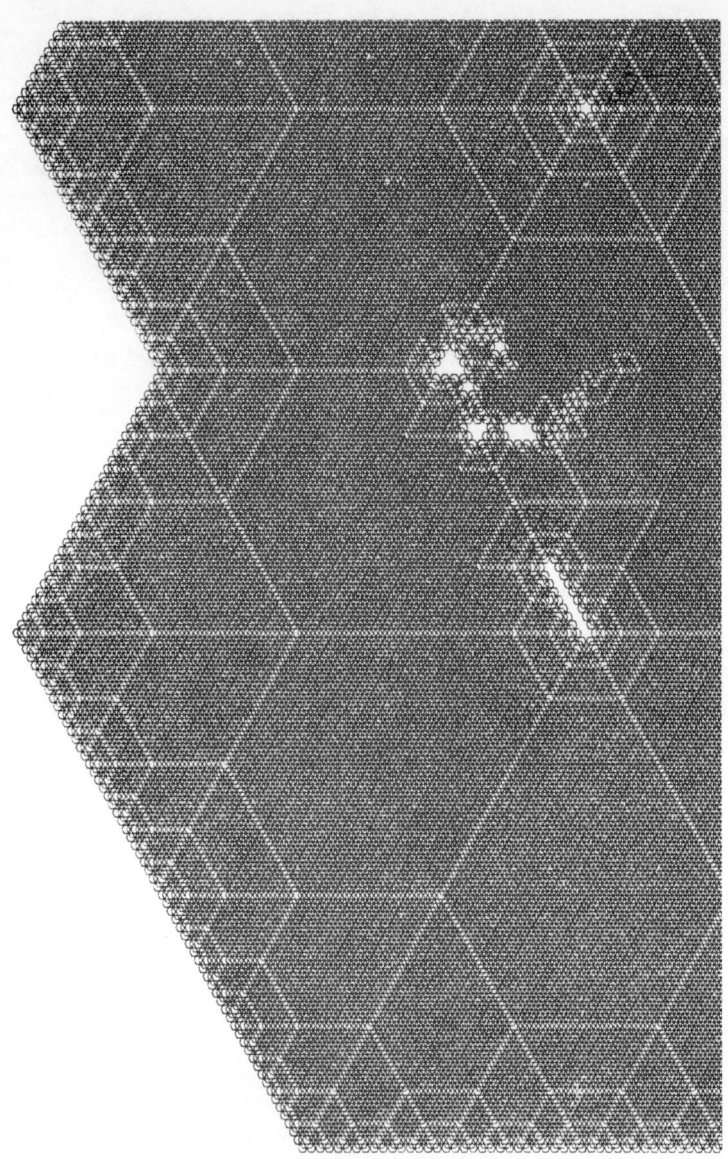

Abbildung 81: Ausschnitt aus dem längsten bekannten endlichen Pfad, der von einem einfachen isometrischen Wurm erzeugt wurde. Der gesamte Pfad ist etwa zwölfmal so groß wie der abgebildete Ausschnitt

haben auch noch andere Leser hingewiesen), daß eine geschlossene Spirolaterale immer dann entsteht, wenn der Drehwinkel eine rationale Zahl ist. Ist er dagegen irrational, so bleibt die Spirolaterale zwar in einem beschränkten Ausschnitt der Ebene, schließt sich aber nicht.

Thomas gab folgende Vorgehensweise an: Zuerst bestimmt man das Komplement des Winkels (das ist seine Differenz zu 180°). Dieses multipliziert man dann mit der Differenz zwischen der Anzahl der Links- und der Anzahl der Rechtsdrehungen (die Differenz ist gleich der um das Doppelte der Anzahl der Linksdrehungen verminderten Ordnung der Spirolaterale).

Von diesem Resultat zieht man solange 360 ab, bis die Differenz zwischen -180 und $+180$ liegt. Den Absolutbetrag dieser Zahl nennen wir x. Er stellt die Änderung des Winkels nach jedem Zyklus dar. Ist x gleich 0, so schließt sich entweder die Spirale nicht (sie ist dann unendlich), oder sie schließt sich nach dem ersten Umlauf.

Ist x nicht 0, muß man das kleinste Vielfache von 360, das durch x glatt teilbar ist, durch x teilen. Das Ergebnis ist die Anzahl von Zyklen, die erforderlich sind, um die Spirolaterale zu schließen.

Um diese Vorgehensweise mit Hilfe einer kompakten Formel ausdrücken zu können, hat McMahon folgendes vorgeschlagen: n sei die Ordnung der Spirolaterale, mit k bezeichnet man die Anzahl der Linksdrehungen und m symbolisiert den Quotienten aus 360 und dem rationalen Winkel. Dann bildet man den Bruch

$$\frac{(m - 2)\,(n - 2k)}{2m}$$

und kürzt diesen vollständig. Ist das Ergebnis eine ganze Zahl, so schließt sich die Spirolaterale entweder gar nicht oder schon nach einem Zyklus. Ist das Resultat ein echter Bruch a/b, so schließt sich die Figur nach b Umläufen.

Seymour Papert vom MIT betreibt heute eine eigene Firma. Dort führt er seine Versuche weiter, Methoden zu entwickeln, mit deren Hilfe man Kindern Mathematik spielerisch beibringen kann. Papert entwickelte die äußerst flexible Programmiersprache LOGO, die von den Kindern, die mit seinen Programmen arbeiten, benutzt wird. Aus dem ursprünglich mechanischen Igel, der über den Boden kroch, ist ein »Igel«-Symbol auf dem Bildschirm geworden. Es wird

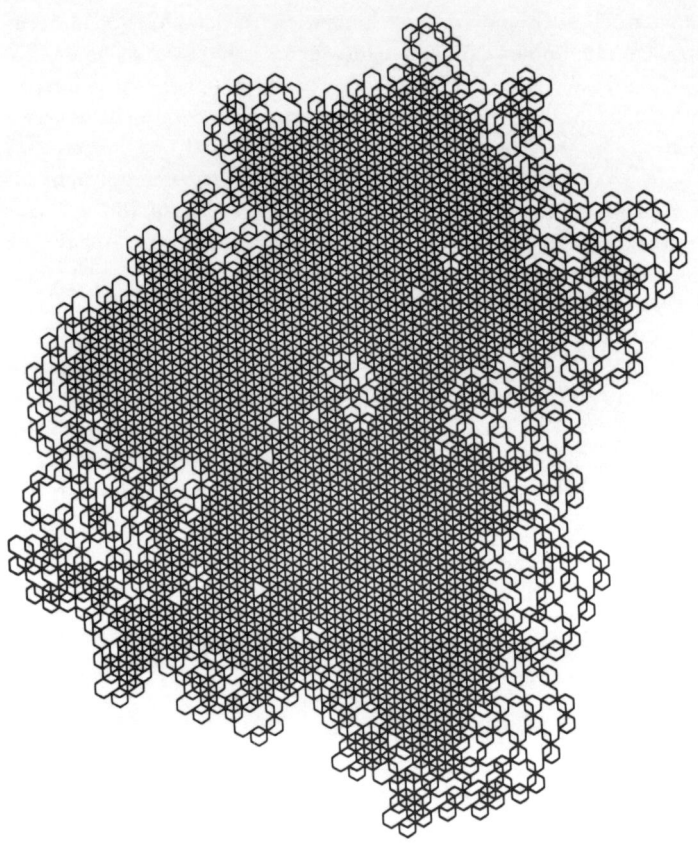

Abbildung 82: Wolkenartiger Pfad von einem »gemäßigten«$1_a 2_{abaa} 3_c 4_b$-Wurm

über die Tastatur, den Joystick oder die Maus gesteuert. Das kleine Tier zeichnet dann Muster auf den Bildschirm. Der Igel lehrt nicht nur Geometrie, sondern auch, indem er die Begriffe Geschwindigkeit und Beschleunigung verbildlicht – Papert spricht deshalb vom »Dyna-Igel« –, elementare Physik. All das findet man in Paperts ansprechendem Buch *Geistesblitze. Kinder, Computer und neue Ideen* (Rowohlt, 1986) dargestellt.

David Magnard hat meine Kolumne über die Würmer gelesen. Sie inspirierte ihn zu der Erfindung eines Computerspiels, bei dem zwei, drei oder vier Würmer miteinander kämpfen. Das Spiel wurde von

178

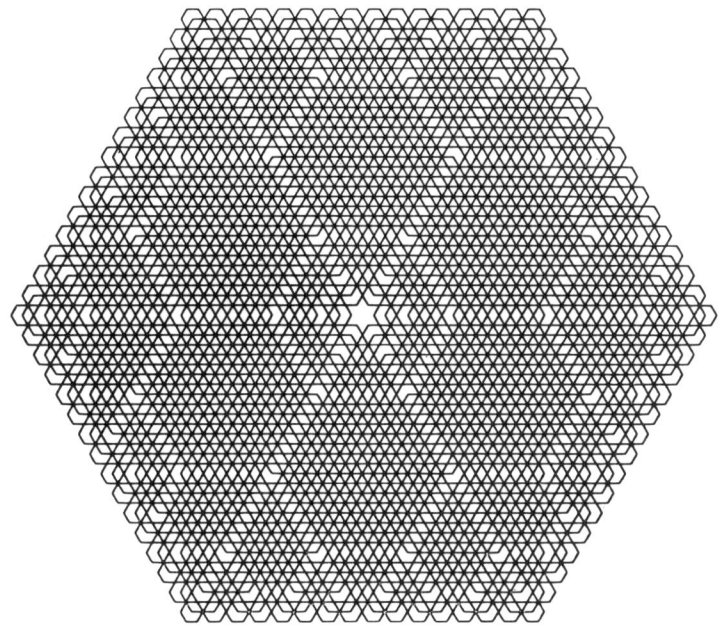

Abbildung 83: Das Riesendeckchen $1_a 2_d 3_{cbaa} 4_b$

Electronic Arts 1983 unter dem Namen WORMS eingeführt. Dieses befand sich zusammen mit mehreren anderen Spielen auf einer Diskette mit dem Namen »Golden Oldies«. Alle diese Spiele laufen auf dem Commodore und auf dem Atari. Das aus Dreiecken bestehende Gitter ist bei Magnard toroidal, das heißt, daß die Ränder als paarweise miteinander identifiziert zu denken sind (der linke mit dem rechten, der obere mit dem unteren). Jeder Wurm ist eine Maschine mit endlich vielen Zuständen, die von ihrem Spieler programmiert wird. Bewegt sich ein Wurm, so gibt ein akustisches Signal an, um welchen Wurm es sich handelt und in welche Richtung sich dieser bewegt. Wird ein Knoten aufgefressen, so ändert dieser seine Farbe. Die Farbe, die er annimmt, gibt an, welcher Wurm ihn gefressen hat. Derjenige Spieler, dessen Wurm die meisten Knoten gefressen hat, ist Sieger. Das Spiel ist so komplex, daß man es schlecht analysieren kann. Aber es macht großen Spaß, es zu spielen, und die Spieler entwickeln rasch intuitive Fähigkeiten. In seiner

Abbildung 84: Komplexe Spirolateralen von R. L. Phillipps

Dezemberausgabe 1983 wählte *Omni* WORMS unter die zehn besten Spiele des Jahres.

Michael Beeler, der jetzt für eine Computerfirma in Kalifornien arbeitet, erzählte mir, daß seine Abhandlung immer noch aktuell ist. Alle Würmer, die nicht klar klassifiziert werden konnten, sind es auch heute nicht. Die Arbeit wird zwar nicht mehr gedruckt, Kopien können aber bezogen werden von NTIS Information Center, Springfield Va., und vom MIT Microproduction Laboratory.

In einem Brief von Geoffrey Wyvill aus England wird ein amüsanter Wurmpfad beschrieben. Man betrachtet die Dualdarstellungen der natürlichen Zahlen. Jeder Zahl ordnet man, je nachdem, ob in ihrer Dualdarstellung eine gerade oder eine ungerade Anzahl von Einsen auftritt, eine 0 oder eine 1 zu. Das führt zu der Folge 1,1,0,1,0,0,1,1,0,0,1,0,... Diese wird nun als Programm für einen Wurm interpretiert: 0 bedeutet eine Einheit geradeaus weitergehen, 1 nach links drehen und eine Einheit weitergehen. Wyvill vermutete, daß dieser Pfad »lang und holprig« sein werde. Zu seiner großen Überraschung verläßt der Wurm aber niemals den abgebildeten Pfad.

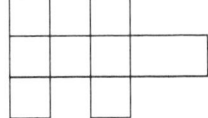

Ich habe Wyvills Brief an Beeler weitergeleitet, der ihm ohne große Schwierigkeiten zeigen konnte, daß der arme Wurm gefangenbleibt.

R. L. Phillipps, ein Ingenieur an der Universität von Michigan, hat ein Computerprogramm geschrieben, das komplexe Spirolateralen erzeugt. Er schickte mir zahlreiche Ausdrucke. Eine Auswahl aus diesen zeigt die Abbildung 84.

181

11

Induktion und Wahrscheinlichkeit

> Das Universum ist, soweit uns bekannt,
> so beschaffen, daß alles, was in einem
> Einzelfall wahr ist, auch wahr ist
> in allen vergleichbaren Fällen;
> die einzige Schwierigkeit besteht darin,
> herauszufinden, was hier vergleichbar heißt.
>
> John Stuart Mill, *A System of Logic*

Stellen Sie sich vor, wir lebten auf einem kompliziert gemusterten Teppich, der endlich oder auch unendlich sein könnte. Einige Gebiete im Muster scheinen willkürlich zu sein wie ein abstraktes expressionistisches Gemälde; andere Teile wiederum sind streng geometrisch. Es kann auch vorkommen, daß ein Teil des Teppichs absolut unregelmäßig erscheint, daß er sich aber, betrachtet man ihn im größeren Kontext, als Bestandteil einer subtilen Symmetrie erweist. Die Aufgabe, das Muster zu beschreiben, wird noch dadurch erschwert, daß der Teppich mit einer dicken Plastikfolie bedeckt ist, deren Durchsichtigkeit von einer Stelle zur nächsten variiert. An einigen Stellen ist die Folie durchsichtig, dort können wir das Muster klar erkennen, an anderen Stellen völlig undurchsichtig. Auch in ihrer Härte variiert die Folie. Manchmal gelingt es, sie wegzuschaben, und das Muster wird besser erkennbar. An anderen Stellen widersetzt sich die Folie allen Versuchen, das Muster durchscheinen zu lassen. Außerdem wird Licht, das durch die Folie tritt, oft in bizarrer Weise gebrochen, dadurch verändert sich das Muster radikal. Überall zeigt sich ein mysteriöses Nebeneinander von Ordnung und Unordnung. Zarte Gitter mit wunderschönen Symmetrien bedecken anscheinend den ganzen Teppich. Wie weit diese Gitter allerdings reichen und wie dick die Folie ist, weiß man nicht so genau. Es ist bisher noch niemandem gelungen, an einer Stelle so tief zu graben, daß er die Oberfläche des Teppichs erreicht hätte – falls es diese überhaupt gibt.

Diese Metapher geht eigentlich schon zu weit. Einerseits verändern sich die Strukturen der wirklichen Welt im Unterschied zu unseren bloß vorgestellten ständig – vergleichbar einem Teppich, der an einem Ende aufgerollt wird, während er am anderen Ende ausgerollt wird. Dennoch kann uns der Teppich einige jener Schwierigkeiten verdeutlichen, die die Wissenschaftstheoretiker haben, wenn sie verstehen wollen, warum die Wissenschaft funktioniert.

Induktion wird jener Prozeß genannt, mit dem Teppichkundler versuchen, aufgrund ihrer Kenntnis von Parzellen des Teppichs zu erraten, wie die unbekannten Teile aussehen. Angenommen, der Teppich wäre mit Milliarden von kleinen Dreiecken bedeckt. Jedes blaue Dreieck, das man findet, hat einen kleinen roten Punkt in einer Ecke. Nachdem sie Tausende von blauen Dreiecken mit roten Punkten gefunden haben, vermuten die Teppichkundler, daß alle blauen Dreiecke rote Punkte haben. Jedes neue blaue Dreieck mit einem roten Punkt bestätigt diese Vermutung. Vorausgesetzt, es treten keine Gegenbeispiele auf, wird der Glaube der Teppichkundler an ihre Vermutung, das Gesetz sei wahr, um so stärker, je mehr bestätigende Beispiele gefunden werden konnten.

Natürlich ist der Übergang von »einigen« blauen Dreiecken zu »allen« blauen Dreiecken logisch gesehen ein Fehler. Im Unterschied zur Arbeit in einem deduktiven System kann man nie sicher sein, wie ein beliebiger unbekannter Teil des Teppichs tatsächlich aussieht. Andererseits funktioniert die Induktion offenkundig. Die Philosophen haben deshalb versucht, sie auf nichtlogische Art zu begründen. John Stuart Mill tat das im Endeffekt dadurch, daß er voraussetzte, daß das Teppichmuster tatsächlich Regelmäßigkeiten aufweist. Er war sich darüber im klaren, daß diese Überlegung zirkulär ist, denn die Teppichkundler wissen ja nur per Induktion von den Regelmäßigkeiten des Teppichs. Mill war jedoch der Meinung, dieser Zirkel sei unschädlich, und viele zeitgenössische Philosophen (z. B. R. B. Braithwaite und Max Black) stimmen ihm darin zu. In seinem letzten größeren Werk versuchte Bertrand Russell Mills vage »Einförmigkeit der Natur« durch etwas Präziseres zu ersetzen. Russell formulierte fünf Thesen über die Struktur der Welt, von denen er annahm, sie genügten, um die Induktion zu rechtfertigen.

Von Hans Reichenbach stammt die bekannteste pragmatische Rechtfertigung der Induktion. Wenn es überhaupt eine Möglichkeit gibt herauszufinden, wie die unbekannten Teile des Teppichs aussehen, dann muß das, so Reichenbach, die Induktion sein. Wenn die Induktion nicht funktioniert, dann auch kein anderes Verfahren. Deshalb kann sich die Wissenschaft des einzig bekannten Hilfsmittels ruhig bedienen. »Die Lösung ist nicht falsch«, schreibt Russell, »aber ich kann nicht behaupten, daß sie mich befriedigt.«

Auch Rudolf Carnap stimmte dem zu. Seiner Meinung nach sind alle Rechtfertigungsansätze für die Induktion korrekt, aber trivial. Wird »rechtfertigen« in dem Sinne gebraucht, in dem ein mathematischer Satz gerechtfertigt ist, so hat David Hume recht: Es gibt keine Rechtfertigung für die Induktion in diesem Sinne. Nimmt man aber eine schwächere Bedeutung von »rechtfertigen«, so kann man natürlich die Induktion verteidigen. Eine interessantere Aufgabe ist es aber nach Carnap zu untersuchen, ob sich eine induktive Logik konstruieren läßt.

Carnaps große Hoffnung war es, daß eines Tages eine solche induktive Logik geschaffen werden könnte. Er träumte von einer Zukunft, in der ein Wissenschaftler in einer formalisierten Sprache gewisse Hypothesen und die dafür relevanten Evidenzen ausdrücken könnte, um dann durch Anwendung der induktiven Logik der Hypothese eine Wahrscheinlichkeit (die auch Bestätigungsgrad genannt wird) zuzuordnen. Dieser Wert hat nichts Endgültiges. In dem Maße, wie neue Erfahrungstatsachen zur Verfügung stehen, kann er hoch- oder runtergehen oder auch gleich bleiben. Carnap behauptete, daß die Wissenschaftler bereits in solchen Wahrscheinlichkeiten dächten, daß dies nur in einer vagen und informalen Weise geschähe. Je mächtiger die Werkzeuge der Wissenschaft jedoch werden und je präziser unsere Kenntnisse über Wahrscheinlichkeiten sind, desto eher könnten wir einen Kalkül der Induktion entwickeln, der von praktischer Bedeutung bei der endlosen Suche nach wissenschaftlichen Gesetzmäßigkeiten ist.

Carnap hat in seinem Buch *Logical Foundations of Probability* (University of Chicago Press, 1950) und in späteren Schriften versucht, die Basis einer solchen Logik zu formulieren. Einige Wissenschaftstheoretiker (beispielsweise John G. Kemeny) haben sich seinen Ansichten angeschlossen und versucht, die von Carnap nicht erledigten Aufgaben zu bewältigen. Andere Wissenschaftstheoretiker (vor allem Karl Popper und Thomas S. Kuhn) betrachten das ganze Projekt als falsch konzipiert.

Carl Gustav Hempel, einer der Bewunderer von Carnap, hat überzeugend darauf hingewiesen, daß wir, bevor wir der Bestätigung quantitative Werte zuordnen können, erst einmal qualitativ wissen müssen, was ein »bestätigendes Beispiel« überhaupt ist. Hier geraten wir in größte Schwierigkeiten. Betrachten wir beispielsweise Hempels notorisches Rabenparadoxon anhand von hundert Spielkarten. Einige dieser Karten tragen auf der Rückseite das Bild eines Raben. Die Hypothese lautet: »Alle Karten mit Raben sind schwarz.« Dann mischt man den Stapel und legt die Karten mit der Vorderseite nach oben. Nachdem man fünfzig Karten umgedreht hat, ohne einem Gegenbeispiel zu begegnen, erscheint die Hypothese plausibel. Je mehr die Rabenkarten sich als schwarz erweisen, desto mehr nähert sich der Grad der Bestätigung der Gewißheit. Schließlich könnte aus der Bestätigung eine Gewißheit werden.

Nun betrachtet man die folgende Art, die Hypothese zu formulieren: »Alle nichtschwarzen Karten sind keine Raben.« Diese Aussage ist zu der ursprünglichen Aussage logisch äquivalent. Testet man nun diese neue Behauptung an einem anderen Kartenstapel mit 100 Karten, indem man sie mit der Vorderseite nach oben hält und umdreht, so bestätigt jedes Auftreten einer nichtschwarzen Karte ohne Rabe die Hypothese, daß alle nichtschwarzen Karten keinen Raben tragen. Weil letzteres logisch äquivalent ist zu »Alle Karten mit Raben sind schwarz«, wird auch diese Hypothese mitbestätigt. In der Tat: Hat man alle Karten untersucht und festgestellt, daß keine rote Karte einen Raben trägt, so hat man die letztere Hypothese vollständig bestätigt.

Unglücklicherweise hat es den Anschein, als würde diese Prozedur, wendet man sie auf die Realität an, überhaupt nicht funktionieren. »Alle Raben sind schwarz« ist logisch äquivalent zu »Alle nichtschwarzen Gegenstände sind keine Raben«. Wir schauen uns um und entdecken einen gelben Gegenstand. Handelt es sich um einen Raben? Nein, es ist eine Butterblume. Diese Blume bestätigt (möglicherweise sehr schwach), daß alle nichtschwarzen Objekte Nichtraben sind. Es fällt aber schwer einzusehen, welche Relevanz sie für die Behauptung »Alle Raben sind schwarz« haben könnte. Hätte sie diese, so würde sie auch bestätigen, daß alle Raben weiß sind (oder

185

Abbildung 85: Ein Cartoon zum induktiven Denken

daß sie eine beliebige andere Farbe außer Gelb haben). Aber es kommt noch schlimmer: »Alle Raben sind schwarz« ist logisch äquivalent zu »Jedes Objekt ist entweder schwarz oder kein Rabe«. Diese Aussage wird von jedem beliebigen schwarzen Objekt (Rabe oder nicht) und von jedem Nichtraben (schwarz oder nicht) bestätigt. Beides scheint paradox.

Das »grue«-Paradoxon von Nelson Goodman ist genauso störrisch. Ein Gegenstand heißt »grue«,* wenn er beispielsweise bis zum 1. Januar 2000 grün ist und danach blau wird. Bestätigt die Beobachtung von grünen Smaragden die Hypothese »Alle Smaragde sind grue«? Ein Prophet sagt voraus, daß die Welt exakt bis zum 1. Januar 2000 existieren wird, um dann mit einem lauten Knall zu verschwinden. Jeder Tag, an dem die Welt existiert, scheint die Prophezeiung zu bestätigen, ohne daß sie dadurch wahrscheinlicher würde.

Es kommt aber noch schlimmer: Es gibt Situationen, in denen Bestätigungen die Hypothese weniger wahrscheinlich machen. Angenommen, man dreht die Karten eines durchmischten Stapels nacheinander um mit der Absicht, die Behauptung »Es gibt keine Karte mit grünen Farbzeichen« zu bestätigen. Die ersten zehn Karten sind gewöhnliche Spielkarten, dann allerdings stößt man plötzlich auf eine Karte mit blauen Farbzeichen. Damit ist die Hypothese zum elften Mal bestätigt worden. Dennoch ist jetzt das Vertrauen in die Richtigkeit der Hypothese schwer erschüttert. Mehrere ähnlich geartete Beispiele stammen von Paul Berent. Man entdeckt einen Menschen, der 2,99 m groß ist. Die Hypothese »Alle Menschen sind kleiner als 3 m« wird durch diese Entdeckung bestätigt, aber dennoch beträchtlich geschwächt. Findet man einen nor-

---

* Zusammengezogen aus ›blue‹ und ›green‹ (A. d. Ü.)

mal großen Menschen an einem ungewöhnlichen Ort (beispielsweise auf dem Saturnmond Titan), so ist auch das ein Beispiel dafür, wie die obige Hypothese durch eine bestätigende Beobachtung geschwächt wird.

Es kann sogar vorkommen, daß Bestätigungen eine Hypothese falsifizieren. Zehn Karten, die alle Werte zwischen dem As = 1 und der 10 enthalten sollen, werden gemischt und mit dem Bild nach unten in eine Reihe gelegt. Die Hypothese lautet:»Es gibt keine Karte des Wertes n, die sich an der n-ten Stelle von links befindet.« Dann dreht man die ersten neun Karten um. Alle bestätigen die Hypothese. Ist aber keine der umgedrehten Karten die 10, so widerlegen die neun aufgedeckten Karten zusammen die Hypothese.

Hier ist ein weiteres Beispiel. Zwei Stapel zu je drei Karten liegen auf einem Tisch. In einem Stapel befinden sich Herz-Bube, Herz-Dame und Herz-König, im anderen befinden sich Kreuz-Bube, Kreuz-Dame und Kreuz-König. Jeder Stapel wird gemischt. Schmidt zieht eine Karte aus dem Herzstapel, Meier eine aus dem Kreuzstapel. Die Hypothese besagt, daß das Paar, das sie zusammen gezogen haben, aus einem König und einer Dame besteht. Die Wahrscheinlichkeit dafür ist ⅔. Schmidt schaut sich seine Karte an und stellt fest, daß es ein König ist. Ohne zu sagen, um welche Karte es sich handelt, teilt er mit, daß seine Karte die Hypothese bestätigt. Warum ist das so? Die Tatsache, daß man weiß, es handelt sich um einen König, vergrößert die Wahrscheinlichkeit der Hypothese von ⅔ auf ⅜ gleich ⅓. Meier bemerkt nun, daß auch er einen König gezogen hat und macht dieselbe Aussage wie Schmidt. Die beiden gezogenen Karten sind, jede für sich genommen, Bestätigung der Hypothese, doch zusammen betrachtet falsifizieren sie die Hypothese.

Carnap war sich dieser Schwierigkeiten bewußt. Er unterschied streng zwischen dem »Grad der Bestätigung«, einer Wahrscheinlichkeit, die auf der Gesamtheit der relevanten Erfahrungsdaten beruht, und dem, was er »Relevanzbestätigung« nannte. Letztere hat damit zu tun, wie neue Beobachtungen ein Urteil über Bestätigungen ändern. Die Relevanzbestätigung läßt sich nicht in einfachen Wahrscheinlichkeiten fassen. Sie ist ungeheuer komplex, und in ihrem Umkreis wimmelt es von antiintuitiven Argumenten. Im sechsten Kapitel von Carnaps *Logical Foundations of Probability* wird eine Gruppe von eng miteinander verwandten Paradoxa der Relevanzbestätigung analysiert, die sich leicht nachvollziehen lassen.

So ist es beispielsweise möglich, daß die Daten zwei Hypothesen getrennt bestätigen, während sie sie beide zusammengenommen widerlegen. Wir betrachten eine Menge von zehn Karten, die Hälfte soll blaue und die andere Hälfte grüne Rückseiten haben. Die Karten mit grünem Rücken seien (wobei *H* Herz und *P* Pik bedeuten soll) *DH, 10H, 9H, KP* und *DP*, die Karten mit blauem Rücken sind *KH, BH, 10P, 9P* und *8P*. Die zehn Karten werden gemischt und mit den Bildern nach unten in eine Reihe gelegt.

Die Hypothese *A* besagt, daß die Eigenschaft »eine Karte mit Bild sein« (also ein König, eine Dame oder ein Bube) enger mit einer grünen Rückseite zusammenhängt als mit einer blauen. Eine Überprüfung zeigt, daß dies richtig ist. Von den fünf Karten mit grüner Rückseite sind drei Karten mit Bildern, während von den fünf blauen nur zwei Bilder sind. Die Hypothese *B* besagt, daß die Eigenschaft, eine rote Karte zu sein (also eine Herz- oder eine Karokarte zu sein), enger mit einer grünen Rückseite zusammenhängt als mit einer blauen. Eine zweite Überprüfung belegt auch dies. Drei Karten mit grünem Rücken sind rot, während es nur zwei rote Karten mit blauer Rückseite gibt. Intuitiv würde man erwarten, daß die Eigenschaft sowohl eine rote Karte zu sein als auch ein Bild, stärker mit der grünen als mit der blauen Rückseite zusammenhängt. Das ist aber nicht der Fall. Nur eine rote Karte mit Bild besitzt eine grüne Rückseite, wohingegen zwei rote Karten mit Bild blaue Rückseiten aufweisen.

Es fällt leicht, sich fantastische oder auch realistische Situationen auszudenken, in denen sich ähnliche Probleme ergeben können. Eine Frau möchte einen Mann heiraten, der sowohl reich als auch nett ist. Einige unter den Junggesellen, die sie kennt, haben Haare, andere sind glatzköpfig. Da sie Statistikerin ist, zieht sie einige Stichproben. Ihre Untersuchung *A* führt zu dem Ergebnis, daß ⅗ der Männer mit vollen Haaren reich sind, während nur ⅖ mit Glatzen reich sind. Untersuchung *B* führt zu der Erkenntnis, daß ⅖ der »behaarten« Männer nett sind, während es unter den Glatzköpfen ⅗ sind. Vielleicht schließt die Frau hieraus übereilt, daß sie einen behaarten Mann heiraten sollte. Da aber die Verteilung der Attribute im vorliegenden Fall genau derjenigen bei den oben erwähnten Bildkarten und roten Karten entspricht, sind ihre Chancen, einen netten, reichen Mann zu erwischen, doppelt so groß, wenn sie sich für einen Glatzkopf entscheidet.

Eine Studie zeigt, daß $\frac{3}{5}$ aller Patienten, die ein bestimmtes Medikament genommen haben, gegen Erkältung fünf Jahre lang immun geblieben sind. Dem stehen $\frac{2}{3}$ der Kontrollgruppe gegenüber, die ein Plazebo bekommen haben. Eine weitere Studie zeigt, daß $\frac{3}{5}$ einer Gruppe, die das fragliche Medikament bekommen hat, fünf Jahre lang keine Löcher in den Zähnen bekam. Bei der Kontrollgruppe waren es nur $\frac{2}{5}$. Kombiniert man beide, so stellt sich im Vergleich mit der Gruppe, die das Medikament bekam, heraus, daß doppelt so viele Mitglieder der Kontrollgruppe in den fraglichen fünf Jahren weder Löcher in den Zähnen noch Erkältungen hatten.

Ein verblüffendes Beispiel dafür, daß eine Hypothese von zwei unabhängigen Studien gestützt werden und dennoch vom Gesamtresultat widerlegt werden kann, liefert das folgende Spiel. Man kann es mit Karten spielen, doch zur Abwechslung wollen wir es mit 41 Spielmarken und vier Hüten versuchen (Abb. 86). Auf dem Tisch A befindet sich ein schwarzer Hut, der fünf farbige Spielmarken und sechs weiße enthält. Daneben liegt ein grauer Hut mit drei farbigen und vier weißen Spielmarken. Auf dem Tisch B befindet sich ein weiteres Paar von Hüten, einer schwarz und einer grau. In diesem schwarzen Hut gibt es sechs farbige und drei weiße Spielmarken. Im grauen Hut sind neun farbige und fünf weiße Spielmarken. Die Inhalte der Hüte sind in der Abbildung durch die kleinen Matrizen wiedergegeben.

Man tritt an den Tisch A und zieht eine farbige Spielmarke. Sollte man eine Marke aus dem schwarzen oder besser aus dem grauen Hut nehmen? Im schwarzen Hut sind fünf der elf Spielmarken farbig, und die Wahrscheinlichkeit, daß man eine farbige Marke erwischt, beträgt $\frac{5}{11}$. Dieser Wert ist größer als $\frac{3}{7}$, der entsprechenden Wahrscheinlichkeit für den grauen Hut. Selbstverständlich ist es günstiger, sich für den schwarzen Hut zu entscheiden. Auch auf dem Tisch B ist der schwarze Hut die bessere Wahl. Sechs seiner neun Spielmarken sind farbig, also eine Wahrscheinlichkeit von $\frac{6}{9}$ oder $\frac{2}{3}$ dafür, daß man eine farbige Spielmarke erwischt. Dieser Wert ist größer als $\frac{9}{14}$, also der Wahrscheinlichkeit, aus dem grauen Hut eine farbige Marke zu ziehen.

Nun wollen wir annehmen, daß die Marken aus den beiden schwarzen Hüten in einem einzigen schwarzen Hut zusammengeschüttet werden und daß dasselbe mit den Marken aus den grauen Hüten geschieht (vergl. Abb. 86, Tisch C). Will man eine farbige Spiel-

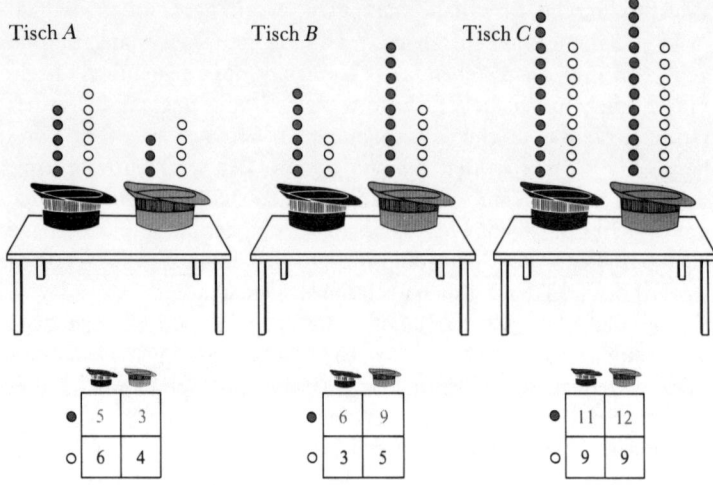

	Tisch A			Tisch B			Tisch C	
●	5	3	●	6	9	●	11	12
○	6	4	○	3	5	○	9	9

Abbildung 86: Das Umkehrungsparadoxon von E. H. Simpson

marke ziehen, so scheint der schwarze Hut der richtige zu sein. Erstaunlicherweise stimmt das nicht! In dem schwarzen Hut befinden sich zwanzig Spielmarken, von denen elf farbig sind. Das ergibt eine Wahrscheinlichkeit von $^{11}/_{20}$ für eine farbige Marke. Die Wahrscheinlichkeit aber, aus dem grauen eine farbige Marke zu ziehen, beträgt $^{12}/_{21}$, also mehr als $^{11}/_{20}$.

Diese Situation wurde von Collin R. Blyth Simpson's Paradoxon getauft, zu Ehren von E. H. Simpson, der 1951 eine Arbeit veröffentlichte, in der dieses Paradoxon vorkam. Es stellte sich zwar heraus, daß das Paradoxon älter ist, aber dennoch ist der Name geblieben. Auch hier ist einfach einzusehen, wie das Paradoxon in der realen Forschung auftreten kann. So könnten beispielsweise zwei unabhängige Forscher bei einem Medikament zu der Ansicht gelangen, dieses sei bei Männern wirksamer als bei Frauen. Nimmt man dagegen die Daten beider Untersuchungen zusammen, so stellt sich genau das Umgekehrte heraus.

Man könnte denken, solche Situationen seien so abstrakt, daß sie in der tatsächlichen statistischen Forschung nicht vorkommen, doch in einer neueren Studie zu der Frage, ob sich beim Zugang zu weiterführenden Studien an der Universität von Kalifornien in Berkeley geschlechtsspezifische Ungleichgewichte zwischen Männern und

190

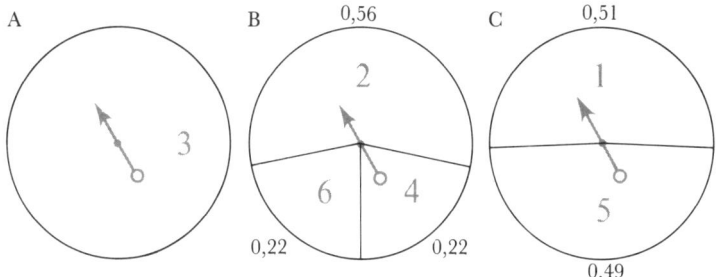

Abbildung 87: Die drei Zeiger, die Colin R. Blyths Paradoxon veranschaulichen

Frauen zeigen, ist Simpsons Paradoxon tatsächlich aufgetreten
(vergl. »Sex Bias in Graduate Admissions: Data from Berkeley« von
P. J. Bickel, E. A. Hammel und J. W. O'Connell).
Blyth hat ein weiteres Paradoxon eingeführt, das noch unglaublicher
erscheint als das von Simpson. Man kann es mit drei Kartenspielen
oder mit drei nichtfairen Würfel veranschaulichen. Letztere müssen
so manipuliert werden, daß die entsprechenden Augenzahlen die
geforderten Wahrscheinlichkeiten bekommen. Wir wollen es hier mit
den drei Zeigern darstellen, die in Abbildung 87 zu sehen sind. Sie
sind einfach nachzubauen, falls jemand das Paradoxon empirisch
überprüfen möchte.
Der Fall des Zeigers A, bei dem die Unterlage keinerlei Unterteilung
aufweist, ist am einfachsten. Gleichgültig, wo der Zeiger anhält, er
liefert immer den Wert 3. Der Zeiger B ergibt die Werte 2, 4 und 6,
mit einer Wahrscheinlichkeitsverteilung von 0,56, 0,22 und 0,22. Der
Zeiger C liefert die Werte 1 und 5 mit den Wahrscheinlichkeiten 0,51
beziehungsweise 0,49.
Man selbst entscheidet sich für einen Zeiger, ein Freund für einen
anderen. Jeder schubst seinen Zeiger an. Derjenige, dessen Zeiger auf
der größeren Zahl stehen bleibt, gewinnt. Wenn man die Möglichkeit
hätte, sich erneut, nachdem man einige Erfahrung mit dem Spiel
gesammelt hat, einen Zeiger auszusuchen, für welchen sollte man sich
dann entscheiden? Beim paarweisen Vergleich der Zeiger ergibt sich
folgende Situation: Zeiger A schlägt Zeiger B mit einer Wahrscheinlichkeit von $1 \times 0,56 = 0,56$, Zeiger A schlägt Zeiger C mit der Wahrscheinlichkeit $1 \times 0,51 = 0,51$ und B schlägt C mit der Wahrscheinlichkeit $(1 \times 0,22) + (0,22 \times 0,51) + (0,56 \times 0,51) = 0,6178$. Offen-

191

sichtlich ist Zeiger A die beste Wahl, da er die beiden anderen Zeiger mit Wahrscheinlichkeiten größer als $\frac{1}{2}$ besiegt. C ist der schlechteste Zeiger, denn er wird von den beiden anderen mit Wahrscheinlichkeiten größer als $\frac{1}{2}$ geschlagen.
Nun kommt die Pointe. Man spielt das Spiel mit zwei Mitspielern und darf selbst als erster wählen. Die drei Zeiger werden angeschubst, die höchste Zahl gewinnt. Berechnet man jetzt die Wahrscheinlichkeiten, so stellt sich etwas Überraschendes heraus. A ist nämlich jetzt die schlechteste Wahl und C die beste! Die Gewinnwahrscheinlichkeit für A beträgt $0{,}56 \times 0{,}51 = 0{,}2856$ (also weniger als $\frac{1}{3}$), die für B $(0{,}44 \times 0{,}51) + (0{,}22 \times 0{,}49) = 0{,}3322$ (also knapp $\frac{1}{3}$) und die für C $0{,}49 \times 0{,}78 = 0{,}3822$ (also mehr als $\frac{1}{3}$).
Man bedenke die Konfusion, die diese Tatsache bei statistischen Tests verursachen kann. Angenommen, die Medikamente gegen eine bestimmte Krankheit werden gemäß ihrer Wirksamkeit mit den Zahlen 1 bis 6 bewertet. Das Medikament A zeigt konstant die Wirksamkeit 3 (vergl. Zeiger A). Die Studie zeigt weiter, daß das Medikament C hinsichtlich seiner Wirksamkeit variiert. In 51 Prozent der Fälle kommt ihm die Wirksamkeit 1 zu, in 49 Prozent der Fälle die Wirksamkeit 5 (vergl. Zeiger C). Wären nur die Medikamente A und C auf dem Markt verfügbar, so müßte sich ein Arzt im Interesse der Gesundung seines Patienten für das Medikament A entscheiden.
Was aber geschieht, wenn das Medikament B, dessen Wirksamkeit und dessen Wahrscheinlichkeitsverteilung dem Zeiger B entsprechen, auf den Markt kommt? Der verwirrte Arzt muß beim Vergleich aller drei Medikamente feststellen, daß C dem Medikament A vorzuziehen ist.
Blyth hat eine noch verblüffendere Möglichkeit gefunden, dieses Paradoxon zu veranschaulichen. Ein Statistiker ißt abends in einem Restaurant, das Apfel- und Kirschkuchen anbietet. Er bewertet seine Zufriedenheit mit den Kuchen mit Noten zwischen 1 und 6. Der Apfelkuchen erhält konstant die Note 3 (vergl. Zeiger A), der Kirschkuchen verhält sich genauso wie Zeiger C. Natürlich entscheidet sich unser Statistiker immer für den Apfelkuchen.
Gelegentlich bietet das Restaurant auch Blaubeerkuchen an. Die Zufriedenheit des Statistikers mit dem Blaubeerkuchen variiert gemäß Zeiger B.

Bedienung: Soll ich Ihnen Apfelkuchen bringen?
Statisiker: Nein danke. Da ich sehe, daß Sie heute Blaubeerkuchen haben, nehme ich lieber Kirschkuchen.

Die Bedienung wird diese Antwort als Scherz betrachten. Tatsächlich
macht unser Statistiker nichts anderes, als seine Zufriedenheitserwar-
tung zu maximieren. (Das ist ein Irrtum, vergl. die Ergänzungen.)
Gibt es ein Paradoxon, das in noch aufsehenerregenderer Art die
Schwierigkeiten deutlich macht, die Carnaps Anhänger überwinden
müssen, wenn sie dessen Programm zu Ende führen wollen?

Ergänzungen

Viele Leser haben mich zu Recht der Nachlässigkeit beschuldigt für
die Beschreibung, die ich von Colin R. Blyths Paradoxon gegeben
habe. Ich war es nämlich (und nicht etwa Blyth), der die Formulierung gewählt hat, daß der Statistiker seine »Zufriedenheitserwar-
tung maximiere«. Was in Wirklichkeit maximiert wird, ist nach
Blyth »die größte Wahrscheinlichkeit«, den zufriedenstellendsten
Kuchen zu bekommen. Das ist ein feiner, aber wichtiger Unterschied. Sowohl der Arzt als auch der zu Abend essende Statistiker
haben die Wahl zwischen zwei möglichen Intentionen: Sie können
entweder danach trachten, ihre durchschnittliche Zufriedenheit auf
lange Sicht zu maximieren, oder aber ihre Chance, bei einer bestimmten Gelegenheit den besten Kuchen (beziehungsweise das
beste Medikament) zu bekommen.
Anders gesagt, minimiert Blyths Esser sein Bedauern, das heißt die
Wahrscheinlichkeit dafür, daß er auf dem Nachbartisch einen besseren Kuchen zu sehen bekommt. Sein Gegenstück, der Arzt, könnte,
so hat Paul Chernick vorgeschlagen, die nachteiligen Folgen zu
vermeiden suchen, die sich für ihn ergeben, wenn ein mit ihm
unzufriedener Patient den Arzt wechselt und dann dort eine wirksa-
mere Behandlung erfährt. »Entspricht der Fall eines Wissenschaft-
lers mehr dem des Spielers im Zeigerspiel«, fragte George Mavrodes,
»oder mehr dem des Apfelkuchen essenden Statistikers? . . . Auf diese
Frage weiß ich keine Antwort.«
John F. Hamilton Jr. hat den Dialog zwischen der Bedienung und
dem Statistiker folgendermaßen umgeschrieben:

Bedienung: Welcher Kuchen ist heute besser, *A* oder *B*?

Statistiker: Die Wahrscheinlichkeit spricht für *A*.

Bedienung: Und wie steht es mit *A* und *C*?

Statistiker: Auch hier wird wahrscheinlich *A* gewinnen.

Bedienung: Ich sehe, Sie meinen, *A* sei wahrscheinlich der beste Kuchen überhaupt.

Statistiker: Nein, in der Tat hat *C* die größten Chancen, der beste zu sein.

Bedienung: Hören Sie mit Ihren Witzen auf. Welchen Kuchen wollen Sie bestellen: *A* oder *C*?

Statistiker: Weder noch. Ich möchte bitte ein Stück vom Kuchen *B*.

Natürlich sind die Paradoxa der Bestätigung keine Paradoxien in dem Sinne, daß sie auf Widersprüche führen. Aber sie stellen Paradoxa in dem Sinne dar, daß sie der Intuition widersprechen und so ältere naive Ansätze, wie die Definition vom »bestätigenden Beispiel«, die John Stuart Mill und andere gegeben haben, ad absurdum führen. Diejenigen Philosophen, die sich mit diesen Paradoxa beschäftigen, verstehen etwas von Statistik. Gerade weil es in der Theorie der Statistik erforderlich ist, viele sorgfältige Unterscheidungen vorzunehmen, ist die Aufgabe, eine induktive Logik zu formulieren, so schwierig.

Richard C. Jeffrey hat in seinem Buch *The Logic of Decision Making* (University of Chicago Press, 2. Aufl. 1983) eine amüsante Variante des »grue«-Paradoxons von Nelson Goodman formuliert. Ein »goy«* wird definiert als ein Mädchen, das vor dem Jahre 2000 geboren wurde, oder als ein Junge, der nach diesem Zeitpunkt zur Welt gekommen ist. Ein »birl«** ist ein Junge, der vor 2000 das Licht der Welt erblickt hat, oder ein Mädchen, das nach dem Jahr 2000 geboren wurde. Bis heute hat es keinen »goy« mit einem Penis gegeben, während alle »birls« einen besaßen. Also folgt per Induktion: (A) Der erste »goy«, der nach 2000 geboren werden wird, wird keinen Penis haben, und (B): das erste »birl«, das nach 2000 zur Welt kommt, wird einen Penis haben. Aber der erste »goy« nach 2000 wird ein Junge sein. Das widerspricht (A). Ähnlich wird das erste, nach 2000 geborene »birl«, ein Mädchen sein, was (B) widerspricht.

* Zusammengezogen aus »boy« und »girl« (A. d. Ü.).
** Ebenfalls aus »boy« und »girl« gebildet (A. d. Ü.).

12
Bibliographie

Zu Kapitel 1

Travels in Time. Hrsg. von Philip van Doren Stern, Doubleday, 1947
Science Fiction Adventures in Time. Hrsg. von Groff Conklin, Vanguard, 1953
»It Ain't Necessarily So« von Hilary Putnam, in: *The Journal of Philosophy*, Bd. 59, 25. Okt. 1962, S. 658–671; wiederabgedruckt in Putnams *Philosophical Papers*, Bd. 1, Cambridge University Press, 1975
»Is Time Travel Possible?« von J. J. C. Smart, in: *The Journal of Philosophy*, Bd. 60, 1963, S. 237–241
»Time and Fiction in Drama« von J. B. Priestley, in: *Man and Time*, Doubleday, 1964
»Measuring Measuring Rods« von John C. Graves und James E. Roper, in: *Philosophy of Science*, Bd. 32, Jan. 1965, S. 39–56
»On Going Backward in Time« von John Earman, in: *Philosophy of Science*, Bd. 34, Sept. 1967, S. 211–222
»Particles That Go Faster Than Light« von Gerald Feinberg, in: *Scientific American*, Feb. 1970, S. 69–77
»The Tachyonic Antitelephone« von G. A. Benford, D. L. Bock und W. A. Newcomb, in: *Physical Review*, D2, 15. Juli 1970, S. 263–265
Time and the Space-Traveler von L. Marder, Allen & Unwin, 1971
»Tachyon Paradoxes« von L. S. Schulman, in: *American Journal of Physics*, Bd. 39, Mai 1971, S. 481–484
The Many-Worlds Interpretation of Quantum Mechanics, hrsg. von Bryce S. DeWitt und Neill Graham, Princeton University Press, 1973
»Rotating Cylinders and the Possibility of Global Causality Violation« von Frank J. Tipler, in: *Physical Review*, D9, 15. April 1974, S. 2203–2206
»The Paradoxes of Time-Travel« von David Lewis, in: *American Philosophical Quarterly*, Bd. 13, 1976, S. 145–152
»Time and the Nth Dimension« und »Lost and Parallel Worlds« in: *The Visual Encyclopedia of Science Fiction*, hrsg. von Brian Ash, Harmony, 1977
»Time Travel«, »Time Paradoxes«, »Alternate Worlds« und »Parallel Worlds« in: *The Science Fiction Encyclopedia*, hrsg. von Peter Nicholls, Doubleday, 1979
»Time Travel and Other Universes«, Kapitel fünf in: *The Science of Science Fiction*, hrsg. von Peter Nicholls, Knopf, 1983

Zu Kapitel 2 und 3

Puzzles Old and New von »Professor Hoffmann« (Pseudonym von Angelo John Lewis), F. Warne, 1893

Amusements in Mathematics von Henry Ernst Dudeney, Nelson, 1917

The Tangram Book von F. G. Hartswick, Simon and Schuster, 1925

»A Theorem on Tangram« von Fu Tsiang Wang und Chuan-Chih Hsiung, in: *American Mathematical Monthly*, Bd. 49, November 1942, S. 596–599

The Chinese Nail Murders von Robert van Gulik, Harper & Row, 1961

Tangrams: 330 Puzzles von Ronald C. Read, Dover, 1965

Tangrams von Pieter van Note, Charles E. Tuttle, 1966

536 Puzzles and Curious Problems von Henry Ernst Dudeney, Scribner's, 1967

The Eighth Book of Tan von Sam Loyd, Dover, 1968 (Nachdruck der Ausgabe von 1903)

»Tangrams« von Harry Lindgren, in: *Journal of Recreational Mathematics*, Bd. 1, Juli 1968, S. 184–192

Tangramath von Dale Seymour, Creative Publications, 1971

»A Heuristic Solution to the Tangram Puzzle« von E. S. Deutsch und Kenneth E. Hayes Jr., in: *Machine Intelligence*, Bd. 7, hrsg. von Bernard Meltzer und Donald Michie, Wiley, 1972

A Tangram Tale von William Cameron, Brockhampton Press, 1972

The Fun with Tangrams Kit von Susan Johnson, Dover, 1977

Creative Puzzles of the World von Pieter van Delft und Jack Botermans, Abrams, 1978

Tangrams von Joost Elffers und Michael Schuyt, Abrams, 1979

Puzzles Old and New von Jerry Slocum und Jack Botermans, Plenary (Niederlande)

Tangram von Joost Elffers, DuMont, 1976

Zu Kapitel 5

Paradoxa, die mit intransitiven Abstimmungen oder Turnieren zusammenhängen:

Social Choice and Individual Values von Kenneth J. Arrow, Wiley, 1951

Games and Decisions von R. Duncan Luce und Howard Raiffa, Wiley, 1957

The Theory of Committees and Elections von Duncan Black, Cambridge University Press, 1958

»Voting and the Summation of Preferences: An Interpretive Bibliographical Review of Selected Developments During the Last Decade« von William H. Riker, in: *The American Political Science Review*, Bd. 55, Dez. 1961, S. 900–911

Topics in Tournaments von John W. Moon, Holt, Rinehart and Winston, 1968

Theory of Voting von R. Farquharson, Yale University Press, 1969

Paradoxes in Politics von Steven J. Brams, Free Press, 1976

Arrow's Theorem: The Paradox of Social Choice von Alfred F. MacKay, Yale University Press, 1980

Nichttransitive Würfel und andere (Wett-)spiele

»Nontransitive Dominance« von Richard L. Tenney und Caxton C. Foster, in: *Mathematics Magazine*, Bd. 49, Mai 1976, S. 115–120

»A Coin Tossing Game« von James C. Frauenthal und Arthur B. Miller, in: *Mathematics Magazine*, Bd. 53, Sept. 1980, S. 239–243

»Lucifer at Las Vegas« von Martin Gardner, Problem Nummer 27 in: *Science Fiction Puzzle Tales*, Clarkson Potter, 1981

»Nontransitive Dice and Other Probability Problems« von Martin Gardner, in: *Wheels, Life, and Other Mathematical Amusements*, W. H. Freeman and Company, Kap. 5, 1983

»Sheep Fleecing with Walter Funkenbusch« von Ross Hornberger, in: *Mathematical Gems III*, Mathematical Association of America, 1985

Zum Algorithmus von Conway

»String Overlaps, Pattern Matching and Nontransitive Games« von L. J. Guibas und A. M. Odlyzko, in: *Journal of Combinatorial Theory*, Bd. 30, März 1981, S. 183–208

»Coin Sequence Probabilities and Paradoxes« von Stanley Collings, in: *Bulletin of the Institute of Mathematics and its Application*, Bd. 18, Nov./Dez. 1982, S. 227–232

Zu Kapitel 6

»The Gamow-Stern Elevator Problem« von Donald E. Knuth, in: *Journal of Recreational Mathematics*, Bd. 2, S. 131–137

»The Art of Computer Programming«, Bd. 3: *Sorting and Searching* von Donald E. Knuth, Addison-Wesley, 1973

»An Elevator Problem« von Kobon Fujimura, in: *Journal of Recreational Mathematics*, Bd. 8, 1975, S. 54–56

Zu Kapitel 9

»The G-values of Various Games« von R. K. Guy und C. A. B. Smith, in: *Proceedings of the Cambridge Philosophical Society*, Bd. 52, Teil 3, 1956, S. 514–526

The Theory of Gambling and Statistical Logic von Richard A. Epstein, Academic, 1967

Your Move von David L. Silverman, McGraq-Hill, 1971

On Numbers and Games von J. H. Conway, Academic, 1976

»Reverse Cram with Blick Sizes Not Exceeding 13« von Ronald Evans, in: *Delta*, Bd. 6, 1976, S. 57–66

Winning Ways von Elwyn R. Berlekamp, John H. Conway und Richard K. Guy, Academic, 1982

Zu Kapitel 10

»Spirolaterals« von Frank C. Odds, in: *Mathematics Teacher*, Bd. 66, 1973, S. 121–124

Paterson's Worm: Artificial Intelligence Memo No. 290 von Michael Beeler, Massachusetts Institute of Technology, Juni 1973

»Spirolaterals: An Advanced Investigation from an Elementary Standpoint« von Alice Kaseberg Schwandt, in: *Mathematics Teacher*, Bd. 72, 1979, S. 166–169
»Square Spirolaterals« von Margaret Kenney und Stanley Bezuszka, in: *Mathematics Teaching*, Bd. 95, 1981, S. 22–27
»Spirolateral« (keine weiteren Angaben). *Student Math Notes*, September, 1983

Zu Kapitel 11

Zur Theorie der Bestätigung
»Disconformation by Positive Instances« von Paul Berent, in: *Philosophy of Science*, Bd. 39, Dezember 1972, S. 522
An Introduction to Confirmation Theory von Richard Swinburne, Methuen, 1973
»Confirmation« von Wesley C. Salmon, in: *Scientific American*, Mai 1973, S. 75–83
Confirmation and Confirmability von George Schlesinger, Oxford University Press, 1974

Das Paradoxon von Simpson:
»On Simpson's Paradox and the Sure-Thing Principle« von Colin R. Blyth, in: *Journal of the American Statistical Association*, Bd. 67, Juni 1972, S. 364–381
»Baseball Statistics« von Edwin F. Beckenbach, in: *Mathematics Teacher*, Bd. 72, Mai 1979, S. 351–352
»Magic Possibilities of the Weighted Average« von Ruma Falk und Maya Bar-Hillel, in: *Mathematics Magazine*, Bd. 53, März 1980, S. 106–107
»Simpson's Paradox in Real Life« von Clifford Wagner, in: *American Statistian*, Bd. 36, Feb. 1982, S. 46–48
»Sex Bias in Graduate Admissions: Data from Berkeley« von P. J. Bickel, E. A. Hammel und J. W. O'Connell, in: *Science*, Bd. 187, Feb. 1985, S. 398–404
»Instances of Simpson's Paradox« von Thomas R. Knapp, in: *The College Mathematics Journal*, Band 16, Juni 1985, S. 209–211

Deutschsprachige Einführungen:
Das Problem der Induktion: Humes Herausforderung und moderne Antworten von Wolfgang Stegmüller, Wissenschaftliche Buchgesellschaft, 1975
Probleme und Resultate der Wissenschaftstheorie und Analytischen Philosophie von Wolfgang Stegmüller, Bd. IV, 1. Teil, Springer, 1973
Wahrscheinlichkeit und logischer Spielraum von H. Vetter, Tübingen, 1967
Induktive Logik und Wahrscheinlichkeit von Rudolf Carnap, bearbeitet von Wolfgang Stegmüller, Wien, 1959